"十四五"普通高等教育本科部委级规划教材

2024重庆市艺术科学研究规划项目——"城市空间屏幕化趋势下光环境形态与设计方法研究"项目学术成果（项目编号：2024ZD06）

四川美术学院人工智能+学科群经费资助

智能艺术
照明设计

ZHINENG YISHU
ZHAOMING SHEJI

黄彦 编著

U0747599

中国纺织出版社有限公司

内 容 提 要

本书系统介绍了智能控制、艺术照明基本理论、技术手段及与实践结合的应用方法等内容。本书以智能控制与光艺术应用方法的融合为创新点，基于提升艺术照明设计人才专业能力的目标，紧跟人工智能、通信技术的发展趋势，契合艺术照明设计应用教学及知识要点体系更新需求。

本书可用作照明设计及光艺术相关专业教材，也可作为照明从业者的自学辅助用书。

图书在版编目（CIP）数据

智能艺术照明设计 / 黄彦编著 . -- 北京 ：中国纺织出版社有限公司，2025. 7. --（"十四五"普通高等教育本科部委级规划教材）. -- ISBN 978-7-5229-2813-5

Ⅰ . TU113.6

中国国家版本馆 CIP 数据核字第 2025ZC0518 号

责任编辑：华长印　王思凡　　责任校对：高　涵
责任印制：王艳丽

中国纺织出版社有限公司出版发行
地址：北京市朝阳区百子湾东里 A407 号楼　邮政编码：100124
销售电话：010—67004422　传真：010—87155801
http://www.c-textilep.com
中国纺织出版社天猫旗舰店
官方微博 http://weibo.com/2119887771
天津千鹤文化传播有限公司印刷　各地新华书店经销
2025 年 7 月第 1 版第 1 次印刷
开本：787×1092　1/16　印张：12
字数：225 千字　定价：69.80 元

前言
PREFACE

进入 21 世纪以来，人们对光环境的要求从满足基本功能为前提的"数量"逐步发展到兼顾舒适性、艺术性的"质量"。以艺术光影手段提升载体的品质和价值成为照明设计应用的重要内容之一，技术的进步同时也促进了新媒体艺术中的光媒介朝着多样化、跨领域融合方向发展，光（照明）艺术逐步开始成为照明设计应用的重要实践方向。

在照明设计的功能性、舒适性、艺术性三个维度中，光艺术已不再是单纯追求照明的装饰性，而是以人文特质及美学思维为依据，研究艺术化光影形态对照明对象功能性、舒适性的提升方法。党的二十大报告指出，加快实施创新驱动发展战略，加快实现高水平科技自立自强，以国家战略需求为导向，集聚力量进行原创性引领性科技攻关，坚决打赢关键核心技术攻坚战，加快实施一批具有战略性、全局性、前瞻性的国家重大科技项目，增强自主创新能力。随着计算机技术、信息通信技术的飞速发展，智能照明作为智慧城市建设的重要环节被纳入国家战略，以前沿科技手段为基础的光艺术开始受到重视，并在提升空间环境品质、促进文旅融合以及推动经济发展等方面起到积极的作用。因此，研究智能艺术照明设计应用方法和策略是必要且具现实意义的。

本书以智能控制与艺术照明应用方法的融合为创新点，基于提升照明人才专业能力的目标，紧跟人工智能、通信技术的发展趋势，契合艺术照明设计应用教学及知识要点体系更新需求。主要内容涵盖智能控制、艺术照明基本理论、技术手段及与实践结合的应用方法等，可用作艺术院校照明艺术及相关专业教材，也可作为照明从业者自学的工具书籍。

本书主要章节由黄彦撰写，书中第一章、第三章、第五章及附录等涉及智能照明控制技术、应用方法的部分内容撰写者有：周贤和、张华明、孙海琳等，同时感谢四川美术学院公共艺术学院、四川美术学院照明艺术研究所、上海企一实业（集团）有限公司及深圳福克斯照明设计有限公司提供应用案例及技术支持。

黄　彦

2023 年 3 月

目录
CONTENTS

第一章

概述

第一节　智能照明控制

　　智能照明控制的一般定义是基于满足某种照明要求而实现对光"质"和"量"的自动控制、调节和管理。随着计算机、网络通信等现代科学技术的发展，智能照明控制系统已不再限于灯光自动开关的简单功能，而是需要具备传统照明控制系统无法实现的多样艺术应用效果。智能控制系统可广泛应用于不同照明场景，是照明领域的研究热点，各类新技术、新产品及新应用不断更迭，极大程度地提升了照明控制效率和智能化水平，科学、合理的智能照明控制方式是节约能源、美化环境、提高管理效率的重要手段。

一、发展阶段

　　照明控制不仅可以满足视觉的基本要求，而且还能创造出丰富的光影形态。照明控制系统以安全、可靠、灵活、开放为设计原则，按其发展历程大致分为手动控制、自动控制及智能控制三个阶段。

（一）手动控制阶段

　　手动照明控制即利用开关等元器件，例如翘板式、拉线式、触摸式、感应式或者其他操作形式的开关，以最简单的手动操作来启动和关闭照明器具（图 1-1-1）。此时的照明控制不属于智能照明控制范畴。

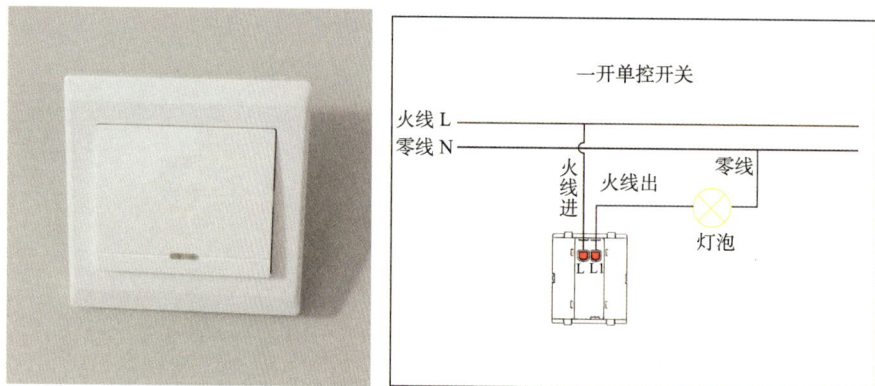

图 1-1-1　常见手动控制开关（一开单控）及接线图

　　注　图中"L"与其他产品中"COM"对应，为同一接口。

（二）自动控制阶段

　　20 世纪 60 年代，电子元器件技术的发展使电子开关逐渐替代了传统的机械开关。电子开关具有触摸式操作、延时关灯等功能，为照明控制带来了便利。此外，继电器也被应用于照明控制系统中，与断路器、接触器等结合可实现初级的自动控制功能（图 1-1-2）。

　　20 世纪 80～90 年代，随着全球能源危机的出现，通过自动控制方法节约能源成

加入断路器，一旦发现过大电流，就断开保护电路

加入继电器，用来给接触器发命令，使它开/关

需要打开电机五分钟，关五分钟

加入可以频繁通断路的接触器

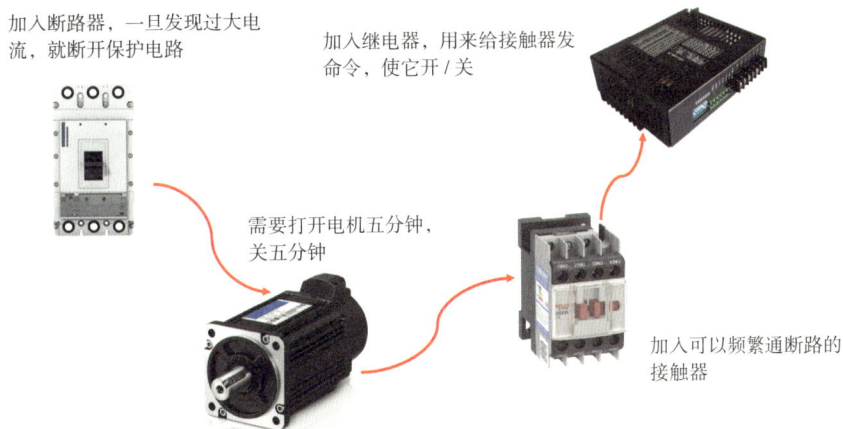

图 1-1-2　断路器、接触器与继电器应用于电机自动控制示例

为重点需求，主要包括以声、光感应或定时等方式来达到照明系统的初级自动控制需求，如当音量（声压级）超过某个值，或者环境的明亮程度（照度值）达到某个设定值（触发值），开关就会开启，也有几个条件同时满足预设条件触发开关的控制方式。

20 世纪末，出现了除声、光以外的其他种类传感器，加上数模转换、中央处理器等软硬件，组成了相对较为完整的控制系统，可通过编程预设自动控制策略（图 1-1-3）。

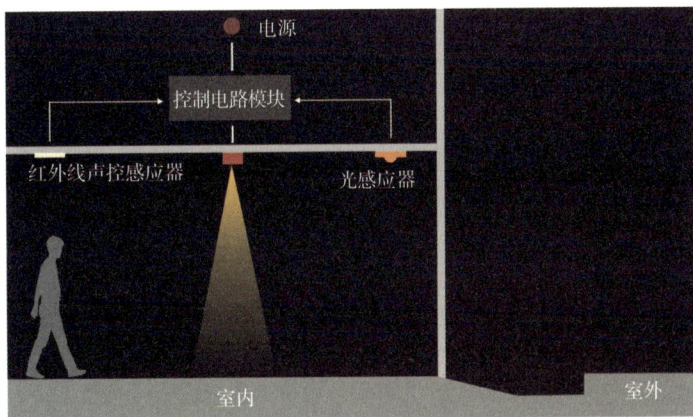

电源

控制电路模块

红外线声控感应器　　　　光感应器

室内　　　　室外

图 1-1-3　声、光及红外感应照明控制的应用

（三）智能控制阶段

进入 21 世纪后，随着计算机、网络通信及自动控制等技术的迅猛发展，智能照明控制系统应运而生。这种系统可通过对环境信息和用户需求进行分析和处理，实施特定的控制策略，实现预期照明效果。其典型特征是可控制任意回路的连续调光或开关，实现多个预设场景的快速切换。

智能照明控制系统（图 1-1-4）通常由控制管理设备、输入设备、输出设备和通信网络等构成。控制管理设备是利用计算机网络系统对照明控制进行自动化操作和可

视化管理的设备，通常包括中央控制管理设备、中间控制管理设备和现场控制管理设备；输入设备是将现场采集到的信息转化为系统信号的设备，包括传感器、控制面板、遥控器等；输出设备是将接收到的系统信号进行处理以用作照明控制的设备，包括开关控制器，调光控制器等。为实现数据传输、信息交换和系统联动，智能照明控制系统还具有与其他系统协调适配的通用接口与协议，支持与其他符合软硬件接口标准的设备互连。

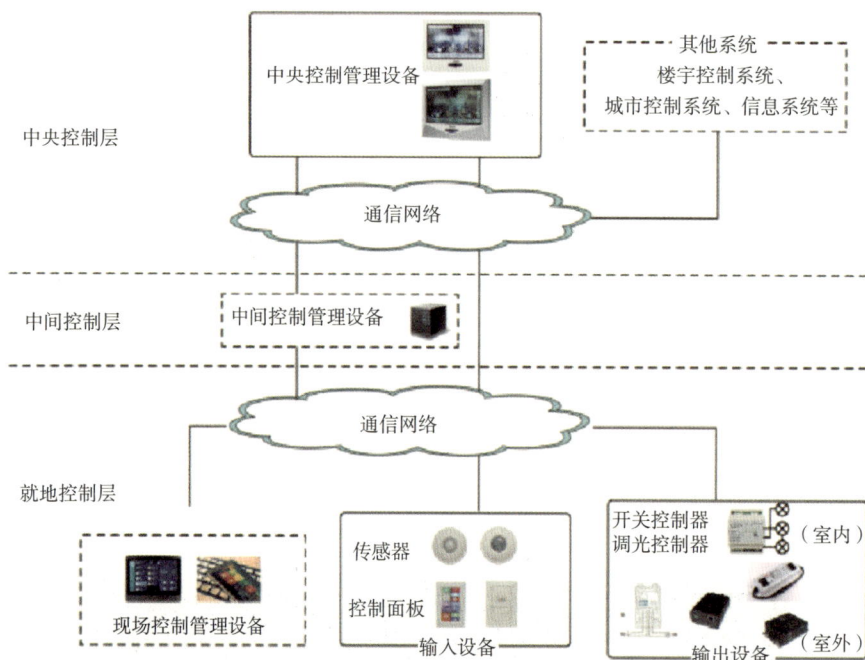

图 1-1-4　智能照明控制系统构成示意图

二、智能照明控制系统分类

智能照明控制系统可按照控制方式、应用场景及通信协议进行分类。

（一）按控制方式分类

1. 集中控制

集中控制指通过中央控制设备集中管理和调节整个照明系统的运行，适用于大型场所和公共建筑，如办公楼、商场等。

2. 分散控制

分散控制指各个照明设备独立运行，可实现局部调光和控制，适用于家庭、小型办公室等场所。

（二）按应用场景分类

1. 室内照明控制

室内照明控制指应用于室内空间的智能照明控制系统，基于不同空间场所功能需求，实现包括调光、定时开关、场景设置等功能。

2. 室外照明控制

室外照明控制指应用于道路、景观、广场等室外空间场所的智能照明控制系统，实现包括自动开关、节能调光、远程监控等功能（图 1-1-5）。

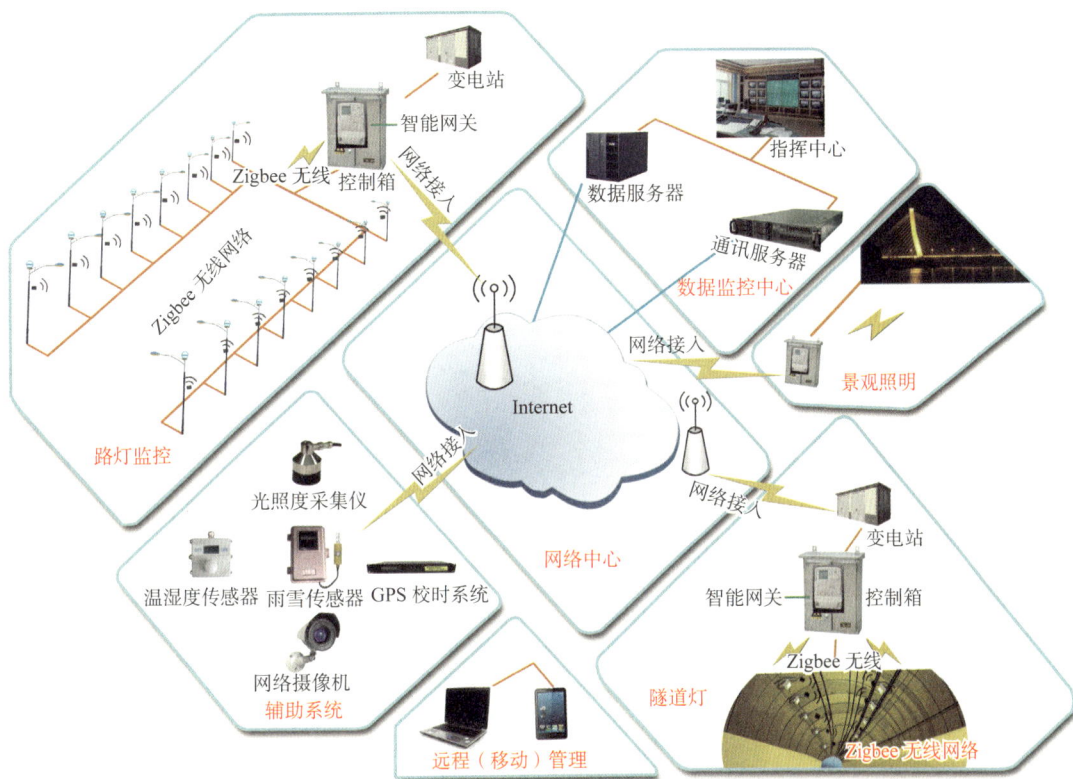

图 1-1-5　城市智能照明控制系统

（三）按通信协议分类

1. 有线通信

有线通信指控制系统通过电缆、光纤等传输介质进行数据传输，如数字可寻址照明接口（DALI）、Konnex（KNX）等协议。

2. 无线通信

无线通信指控制系统仅通过无线电波而不采用线缆的方式进行数据传输，如 Wi-Fi、紫蜂（Zigbee）、蓝牙（Bluetooth）等协议。

三、发展趋势

智能照明的理念可追溯到 20 世纪 90 年代美国提出的"绿色照明计划"。随着社会的发展、科技的进步及生活水平的提高，智能照明的定义也在不断演变。智能照明旨在实现"功能性、舒适性及艺术性"的光环境营造基本目标，从而使照明控制更加准确、智能化。在未来，智能控制理论的研究将深入照明控制策略，推动智能控制逐步向智慧控制拓展。

（一）人工智能与机器学习的融合

人工智能（AI）和机器学习技术的进步使照明系统更加智能地自主学习和适应用户需求。通过对用户行为和环境条件的实时监测和分析，系统可以自动调整照明参数，为用户提供更加舒适和节能的照明环境。

（二）互联网与物联网的深度融合

互联网和物联网技术的广泛应用使智能照明系统与家庭自动化、智能建筑等领域更加紧密地融合。用户可以通过手机、平板电脑等设备实现远程控制和管理，享受更加便捷、智能的照明服务（图 1-1-6）。

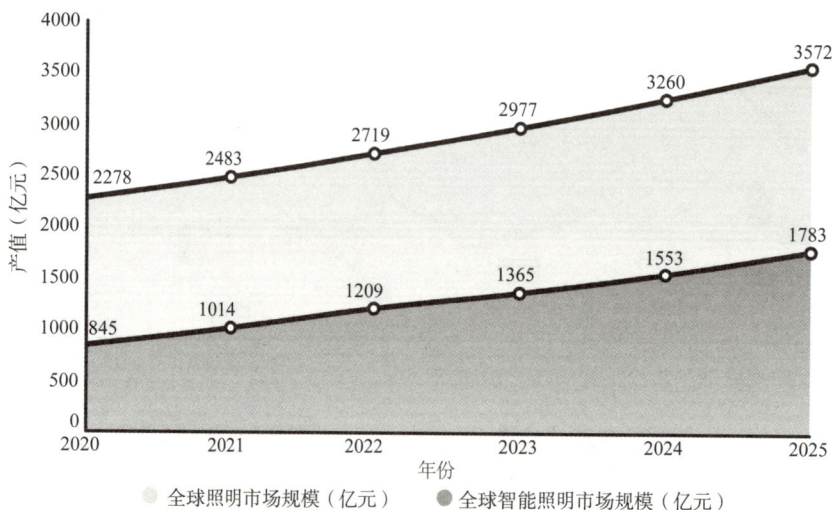

图 1-1-6　2020—2025 年全球照明及智能照明市场规模

（三）新型照明技术的发展

有机发光二极管（Organic Light-Emitting Diode，OLED）、激光照明等新型照明技术的发展，将为智能照明系统带来新的应用领域和创新机会。例如，OLED 照明具有柔性、可折叠等特点，可以与智能照明系统相结合，实现更加个性化和创新的光艺术表现（图 1-1-7）。

（四）更加注重可持续发展与绿色环保

智能照明控制系统更加注重节能、环保和可持续发展。例如，利用太阳能、风能等可再生能源为照明设备提供电力，降低碳排放；应用生态照明设计，保护生物多样性；采用可回收材料，减少环境污染。

（五）更具个性化与定制化

个性化和定制化成为智能照明控制系统的重要特质，以满足不同用户和场景的独特需求。尤其在对充满创造性的光

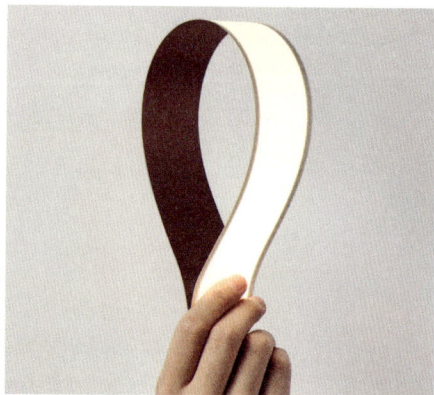

图 1-1-7　有机发光二极管

艺术形态表现方面，可通过自由设置照明参数（如亮度、色温、色彩等），实现多样化的照明效果。

（六）多功能集成

智能照明控制系统能够实现多功能集成，不仅局限于照明本身。例如，集成安全监控、语音助手、环境监测等功能，为用户提供更加全面和便捷的智能家居体验。

（七）人性化交互

随着技术的发展，智能照明控制系统实现更加人性化的交互方式，如语音控制、手势控制等。用户更加方便、快捷地操控照明系统，进一步提升用户体验。

（八）智能照明设计

智能照明设计以用户为中心，根据人们的生活习惯、生理需求和心理需求，为用户打造更加舒适、健康和美观的照明环境。此外，通过建立照明场景和模式，实现个性化照明设计，以满足用户多样化照明需求。

（九）大数据与云计算

大数据与云计算在智能照明控制系统中发挥重要作用。通过收集和分析用户数据，系统可以更加准确地预测和满足用户需求，实现智能调节照明参数。同时，云计算技术使照明系统能够实时更新和优化，为用户提供持续升级的服务。

（十）跨界合作与创新

智能照明控制系统通过跨界合作与创新将照明与其他领域相结合，如艺术、建筑、医疗等。这为照明行业带来更广阔的发展空间，同时，创造出更多具有创新价值的照明产品和应用。

第二节　艺术照明

一、艺术发展中的光

我们通过光获得对世间万物的视觉感知，在人类社会发展的漫长历史中，"光的表现"始终随着艺术形式的发展而演变，"光的运用"几乎是随着人类第一件艺术作品的诞生而出现的。史前的原始部族通过对周边环境的视觉感知和记忆，利用动植物颜料或凿刻的方式记录下事物形态及信仰图腾，而无论是在洞壁还是在石面的史前艺术作品（图1-2-1），都会借助火光或射入洞穴的阳光来表现对自然的敬畏和诉求。因此，对光

图1-2-1　阿尔塔米拉洞窟壁画

的理解可视为一种窥探艺术发展史的渠道。

在中西方艺术发展历程中，光这一元素始终在艺术创作中展现出不同的内涵，在绘画、雕塑或建筑等不同艺术载体中，光与创作技法、表现主题等都有着密切关系，有时甚至可以成为作品整体视觉形态的决定因素（图1-2-2）。

文艺复兴是西方社会和艺术文化的重要转折点，通过对古典文明魅力的再次发掘，人们开始摆脱以宗教化的眼光看待事物本质的习惯。如果说中世纪艺术作品中的光是宗教神学的象征体现，那么文艺复兴绘画作品中的明暗造型法则标志着光在艺术作品中独特地位的确立。

从17世纪开始，怀疑精神和对自然现象的理性逐渐兴起，牛顿在皮埃尔·伽森狄（Pierre Gassendi）的假设基础上于1675年提出了光作为"粒子"的构成性，促进了对光的本质及其客观表象的探究，这一科学思潮也反映在当时艺术作品的风格变化上，绘画更注重写实的光影表现和自然氛围的营造。在这一时期，意大利艺术家卡拉瓦乔（Cararaggio）、荷兰艺术家维米尔（Vermeer）和伦勃朗（Rembrandt）等都是运用不同的技法来呈现契合自然光影或氛围营造的绘画视觉表现（图1-2-3），这与中世纪宗教的神学艺术作品有着显著的差异。

图 1-2-2 中世纪早期艺术镶嵌作品《荣耀基督》

图 1-2-3 《基督在以马忤斯的晚餐》，卡拉瓦乔

19世纪初，英国物理学家托马斯·杨（Thomas Young）通过著名的双缝干涉实验证明了光的波动性，进一步推动了对光的本质科学认知的进程。在艺术创作中，光也开始从配角向主角的地位发展，艺术家们开始把因物理现象产生的不同视觉表现作为光的固有属性进行创作，如印象派画家们坚持"光是绘画的主人"，把作品中对光的描述和表现上升到了极致。除了绘画外，光在雕塑、建筑等艺术载体上的应用和表现也达到了前所未有的丰富程度。

第二次工业革命使人类进入电气照明时代，城市及室内空间的光环境形态发生了巨大的变化，人们对波粒二象特征的探索使因干涉、衍射所产生的条纹、叠加等光影形态成为艺术创作的来源。光的科学属性所带来的不确定性、多样性及神秘感表现，是现代及后现代艺术创新中运用的重要元素之一，艺术家们不仅在绘画作品中基于光影现象的客观认知进行艺术表达，还把对光的理解和升华创造拓展到了城市中的其他载体。

当代艺术进程始于 20 世纪 60 年代，也是第二次世界大战后人类科技社会飞速进步的阶段。新工艺和新技术的发展催生了多种新艺术形式，如各种新材料艺术及新媒体艺术等。艺术开始对建筑、电影、娱乐、服装及电子游戏等领域产生影响。在这个时期，光艺术（Light Art）作为一个独立的艺术类别开始受到人们的关注，西方艺术史文脉中对光艺术还有专用词语"Lumia"，翻译为"灯光艺术"。这一时期涌现出了众多光影艺术先驱，如丹·弗莱文（Dan Flavin）、基斯·索尼尔（Keith Sonnier）、比尔·科尔伯（Bill Culbert）及詹姆斯·特瑞尔（James Turrell）等，他们突破了传统绘画、雕塑等艺术形式的限制，借助对光影属性和技术手段的理解，结合心理与视觉要素，创造出以装置、建筑、景观乃至城市空间为载体的、极具视觉冲击和表现力的光艺术作品（图 1-2-4）。

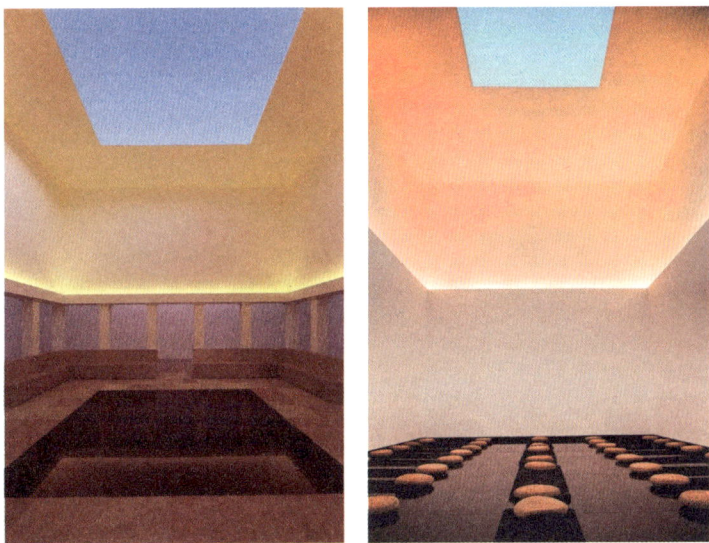

图 1-2-4　*Unseen Blue*，詹姆斯·特瑞尔

进入 21 世纪，人工照明和采光技术的发展对艺术创作产生了更加深远的影响。以光影为媒介的艺术形式突破了"作品—观众"的单一关系，如通过场景化的互动、沉浸式的表现方法，把观众的参与融入艺术作品创作的过程中。随着人工照明相关的智能控制、信息通信等技术的发展，从装置场景、室内空间、户外空间到城市尺度，都可能成为光影艺术表现的载体（图 1-2-5）。直至今日，光影艺术形态和表现手段仍随着技术发展而不断演变。

在不同的艺术发展阶段，艺术家们对光的本质的理解可能有所不同，从而产生了各艺术流派对光的表现和运用的差异。从某种意义上说，并不是艺术家创造了自身所处时代的光艺术表现形式和风格，而是更多地受到了群体共识、认知水平等因素的影响，也可以理解为光艺术受到社会发展和科技水平的影响，具有较强的时代性表现。艺术与科学的进步相辅相成，著名物理学家李政道曾说过："科学和艺术是不可分割的，就像一枚硬币的两面。"光在人类艺术进程中的角色转化和运用拓展，是随着社会科学

图 1-2-5 《天空中的露西亚》灯光装置，布鲁特·德拉克斯工作室（Brut Deluxe）

的进步而持续变化、同步发展的。

在这个充满创新与变革的时代，艺术家们不断尝试将科技与艺术相融合，为人们带来了更多独特的视觉体验，光影艺术已经超越了传统艺术形式的局限，变得越来越多元，越来越丰富。

二、艺术照明设计的发展

艺术照明设计的诞生源于现代照明设计的兴起，而"照明设计"这一概念则随着照明技术的发展而被定义和认知。因此，"照明设计"应视为一个包含了多层次丰富内容并不断更新的概念。照明设计的核心内涵可以理解为"研究如何使用光来影响对象或环境"。在人类漫长的火光照明历史中，由于照明效率及照明方式的限制，很难将环境品质的提升与"如何用光"联系起来。

进入电气照明时代以后，技术的迅速发展使设计师们能够在不同的空间场所中高效、灵活地使用和分配光。同时，使用者们也开始关注光对于生活和工作空间品质提升的作用。因此，现代照明设计师最早出现在首先进入电气照明时代的欧美国家。艺术照明设计是基于照明设计的一种应用理论及方法体系，它主要关注和研究照明设计的艺术属性，提倡艺术与技术的融合，注重载体的艺术表现，兼顾视觉审美和特定功能的满足。

艺术照明设计的发展离不开光在各个艺术阶段中地位的演变，即光艺术的出现是艺术照明设计独立于传统照明设计定义和适用范畴的前提。光艺术可归类为一种艺术形态或门类，广义的光艺术涵盖以光影为主要媒介的各种艺术形式，如光装置、光影秀、光影像等，若狭义地把"照明艺术"等同于"光艺术"，那么"照明艺术"与"艺术照明"是艺术门类与方法体系的区别，二者相辅相成，既有交叉又有联系，艺术形态及其核心思想是确定应用方法体系的重要依据和手段。

在气体放电光源时代，由于光源封装形式的限制，用于城市夜景照明、艺术照明的灯具种类较少，外观形制和结构缺乏多样性。室内照明同样受到影响，导致照明方式相对单一。21 世纪以来，新一代光源 LED 开始逐步应用到通用照明领域，这得益于其小巧、定制灵活及便于控制的特点，在以节能减排为目标的国家相关政策的扶持下，从 2005 年开始，LED 开始逐渐取代城市道路照明传统光源，为 LED 在户外照明的规模化推广铺平了道路。LED 技术的快速发展使得照明器具生产成本迅速降低，灯具制造商开始将注意力从最初的替换性光源、灯具设计制造转向契合 LED 自身发光特点的产品研发，LED 照明灯具种类日渐丰富，推动了国内城市夜景照明工程建设规模的爆发式增长。从直辖市、省会城市、地级市甚至县城，几乎找不到没有进行夜景照明建设的城市。然而，这也带来了诸如亮度攀比、光污染、能耗浪费及光生物安全等突出问题，因此，在 2019 年，中央"不忘初心、牢记使命"主题教育领导小组印发《关于整治"景观亮化工程"过度化等"政绩工程""面子工程"问题的通知》，提出了对攀比、过度盲目建设城市夜景照明的整改意见，照明从业者也开始反思城市照明快速扩张中产生的审美缺失、千城一面的现状。在这种情况下，艺术介入城市照明成为了主要的研究和实践对象。

艺术照明设计有别于传统的非功能性照明设计。最初的"艺术"与"照明"的结合主要表现为"光艺术"的不同形态，如光艺术装置、光影像等。而艺术照明设计概念的提出则希望通过具有艺术性和美学价值的设计思维和创新方法，改善城市户外空间或室内不同场所的光环境现状。"非功能性照明"目前并没有统一的定义和内涵，主要是相对于功能性照明提出的概念。满足功能是照明设计的基本要求，而除此之外都可归纳为非功能性照明范畴。从广义的定义来看，艺术照明设计应包含在非功能性照明中，主要差异体现在设计目标、方法和技术手段等方面。设计目标主要是满足美学要求或意境营造需求；设计方法突破传统的非功能性照明方法，注重光影、色彩设计对照明载体的表现，通过与视觉感知结合的艺术化明暗强弱及色彩属性关系，烘托所需展现的艺术氛围；设计手段则是把传统的光艺术媒介形式，如光装置、光场景或其他与新技术融合的光影艺术形式应用到常规或非常规照明载体。

艺术照明设计已经逐步开始在实践中取得显著成果。例如，在建筑照明领域，设计师们运用艺术照明设计理念，为建筑物赋予独特的光影效果，突出建筑的个性和风格。在城市公共空间夜景照明中，艺术照明设计将城市的历史、文化和特色融入照明设计中，为城市夜间光环境增色添彩。在室内照明方面，艺术照明设计也在不断地探索和实践，为商业空间、办公空间、家居空间等创造出富有艺术气息的光环境。

随着光艺术形式的发展以及人们对光环境艺术品质和审美趋向的改变，艺术照明设计的定义还会不断丰富和扩充。艺术照明的理论与实践研究为照明设计提供了新的思维逻辑工具与创作方法。未来的照明设计将更加注重光与空间、光与艺术的有机结合，以创新的设计理念和技术手段为人们创造更加美好、舒适的光环境。

第三节　智能照明控制与艺术照明设计

　　智能化是艺术照明设计应用发展的基础，随着照明与智能控制技术的进步，多样的光艺术形式应运而生，如媒体立面、光影秀及灯光装置等。艺术照明应用的拓展对智能化发展提出了新要求，"智能控制"与"艺术照明"应相互融合，共同发展。

一、艺术照明设计的实现

　　人类依赖光线才能看见五彩斑斓的世界，光在社会文化发展中演化出不同的艺术表现形式（图 1-3-1）。依附于载体的光能使抽象的空间被感知，而光影和色彩的变化组合能够改变人们对空间场所的主观印象和氛围感受。智能化的艺术照明让多样的光影形态表现成为可能，打破了人们对自然光与人工光环境的认知边界。

　　相较传统照明控制系统，智能控制可实现灯光的场景化、多元化控制和管理，如无线遥控、定时控制、集中控制及远程控制等。智能控制与艺术照明的结合，在满足功能要求的前提下，可以最大程度地满足艺术照明对光影表现的定制化需求。

　　艺术照明的内涵随着社会发展和应用需求提升而不断拓展，已超越了"创造具有美学特征的光影视觉表现"的单一范畴。艺术照明在影响心理健康、展现城市精神以及促进文旅融合等方面的积极作用正日益受到关注。例如，在我国规模化建设的城市夜景中，常见的建筑夜景照明手法

图 1-3-1　*La Linea Roja*，Nicolas Rivals 摄

包括投射类（泛光、投光等）、装饰类（以轮廓照明为代表）及内透。在缺少智能控制系统的情况下，容易产生灯光场景单一、能耗浪费及光污染等一系列问题（图 1-3-2）。艺术照明介入城市空间时，通常以抽象的光影穿插于具象物质形态，模糊了现实与虚拟、物质与精神的界限，极大程度地刺激和提升了人们的审美能动性。

| 无锡 | 南宁 | 青岛 | 石家庄 |

图 1-3-2　城市夜景形态的趋同

　　人居光环境在考虑艺术审美特质时同样需要尊重和考虑光对人生理、心理健康的影响。智能控制系统能够更加科学、精准地满足人们对光环境参数的多元化需求，而

非仅仅实现光影视觉的艺术化表达。

人们对光环境品质要求的变化正推动着艺术照明的发展。城市公共空间中的光艺术表现让城市的地域特色和文化内涵得以充分展示，多元的艺术光影形态成为城市夜景的组成部分。公园、广场等城市公共空间对艺术照明的需求逐渐增加。随着技术的进一步发展，艺术照明的设计方法和应用模式正朝着节能、智能化方向演进，并开始与物联网、人工智能等前沿技术结合，打破"光依附载体"的传统夜景表现形式（图1-3-3）。信息通信、数字技术和人工智能的发展，将成为未来多样化艺术照明设计应用实现的有力支撑。

图 1-3-3　北京首钢园夜景

二、艺术照明推动智能控制技术发展

随着生活节奏的加快，现代人对夜间生活的需求日益丰富。公共空间光环境的品质和美感对于城市形象和人们的生活体验至关重要。因此，在大规模夜景建设过程中，如何将城市的历史人文、地域特征等元素融入具有个性化和艺术美感的光影形态成为一个关键课题。艺术照明在发展和应用过程中，需要借助先进的智能控制方法和技术手段来实现多样化的表现需求。同时，光艺术在城市公共空间及其他领域的应用实践也是推动智能控制系统不断创新和发展的动力。

图 1-3-4　西安大唐不夜城文旅夜游项目

注　在先进的照明及控制技术的支撑下，西安大唐不夜城以盛唐文化为基础、创意表演为支撑及人物形象为载体的主题街区已成为西安夜游目的地和潮流新地标。

近年来，"夜经济"已成为中国经济发展的一个重点环节，夜经济发展的主要内容包括以光影为媒介的城市环境氛围营造。为了满足这一需求，艺术光影设计方法和技术手段成为发展夜游经济的重要研究对象。为了促进文旅融合和夜间经济发展，光艺术形态应具有文化性、互动性和沉浸式特点，即通过光影、色彩、声音和互动影像来加强体验和参与感，从而打破传统夜游中以"看"为主的模式（图1-3-4）。

为实现这种融合多种前沿技术、具有创造力和科技感的夜间艺术形态，智能控制技术需要满足融合声、光、电技术的更高应用要求（图1-3-5）。这将为艺术照明提供更加丰富、灵活的控制手段，为城市夜景增添更多元化、个性化的风采。

图 1-3-5　上海外滩灯光秀

注　上海外滩灯光一直是国内城市夜间景观风貌的标志之一，艺术光影技术手段的介入，在巨大的空间尺度中展现出前所未有的城市个性和人文精神的表达。

光艺术介入城市照明已经成为一种必然趋势。未来，艺术化光影的设计和实践应用将以智能化、定制化和多样化为发展方向，推动控制技术在设计方法、应用场景和功能模式方面的创新拓展。这不仅有助于提升城市夜景的美学价值，丰富人们的生活体验，还将为照明行业带来更多的机遇和挑战。同时，光艺术与智能控制技术的紧密结合也将为照明设计师提供更多创作灵感和实现手段，推动照明设计应用的创新和实践。

在这个过程中，设计师需要高度关注智能控制技术的最新发展趋势，如物联网、人工智能、大数据等前沿技术，以及照明控制系统与各种智能设备的互联互通。通过这些技术的融合，照明设计可以更好地满足公众对于独特、个性化光环境体验的需求，同时实现节能、环保、安全等多重目标。

总之，随着人们对于美好生活品质的追求不断提升，艺术照明将会在未来发挥越来越重要的作用。智能控制技术的发展将进一步推动艺术照明的创新和实践，为城市和社会带来更多美好、宜人的光环境。为此，相关产业需要积极探索智能控制技术的发展和应用新技术，与设计师携手，为人类创造更加美好的生活空间。

第二章

照明设计基础

艺术照明设计属于照明设计的分支，主要以在空间或载体对象中展现光艺术效果为设计目标。要实现光影、色彩等元素的艺术化表达，需要有基础理论的支持。对技术理论知识的研究可以促进光艺术形式和实现手段的持续创新，还可以为智能艺术照明设计方法体系的建立提供参考和依据。因此，对于进行智能艺术照明设计研究及应用实践来说，掌握基本的照明设计基础知识是必要的。

第一节　光度学

一、光的基本知识

（一）光的产生

光的产生可以归纳为三种方式，即热运动、原子跃迁辐射和物质内部带电粒子加速运动。在这三种方式中，前两种方式是可见光产生的主要来源。照明设计是一门专门研究如何利用光的学科，虽然不需要深入研究光的产生机制，但通过光产生方式的简单分类了解光的本质是很有必要的。

1. 热运动产生光

众所周知，热量会在不同温度的物质之间传递，传递热量也可以看作电磁波的对外辐射，而这些电磁波并不是都可以被人眼所看见。物理学中有一个可以完全吸收外来全部辐射的假想物体叫黑体，比如太阳或铁、钨等金属就可以近似看作黑体，根据维恩位移定律，温度不同，黑体辐射出的电磁波的频率（波长）也不相同，如图 2-1-1 所示，黑体的温度越低辐射出的波长相对越长，随着温度逐步升高，辐射电磁波的波长就开始往短波方向移动，当温度上升到了一定范围，辐射出的电磁波就可以被人眼所感知，这部分电磁波就是可见光。

例如，对与黑体性质接近的铁块进行加热（图 2-1-2），当温度达到约 500℃的时候，其热辐射的最大值就进入了可见光波长范围，即人眼能看到加热的铁块发出的光了，这种现象可以理解为因"热"产生了"光"。如果进入微观层面进行探究，由于物质是由原子、分子等微观粒子构成，只要有热量存在，这些微观粒子就会产生不规则的运动，从而向外辐射出能量，即电磁波，温度不同则辐射出的电磁波能量不同。

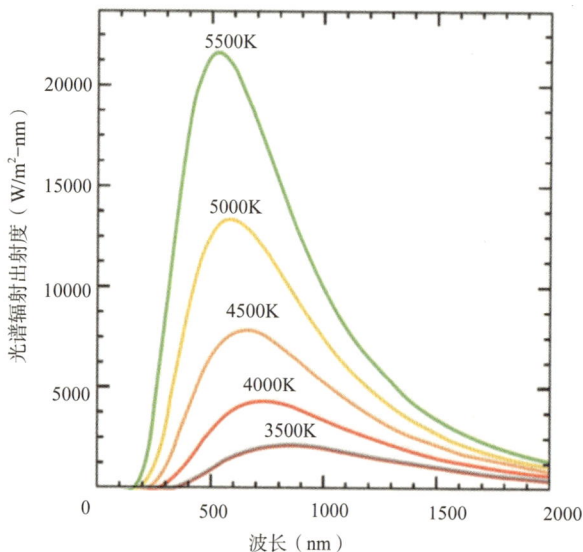

图 2-1-1　维恩位移定律图

图 2-1-2　铁块加热产生可见光

2. 跃迁辐射产生光

物质由原子组成，而原子核的外围围绕着很多电子，如同汽车在高速路、城市干道与支路上按照不同的速度行驶一样，原子核外的电子也在不同的轨道中以不同的能量运行，轨道之间是有能量差异的。

当原子中的电子从能量较低（距离原子核较近）的轨道跃迁到能量较高（距离原子核较远）的轨道时，原子的状态会变得不稳定（称为激发态）。在激发状态下，原子内部电子具有较高的能量，但正是因为原子这种状态的不稳定，使其不可能长时间地保持激发态，电子会自发地从高能级跃迁回到低能级（称为基态）。回到基态的过程中，会把多余的能量（能级从高到低的能量差）以光子的形式释放出来，这就是跃迁发光（图 2-1-3）。这种发光现象在许多自然界和实验室中都可以观察到，例如火焰、气体放电、荧光物质等。

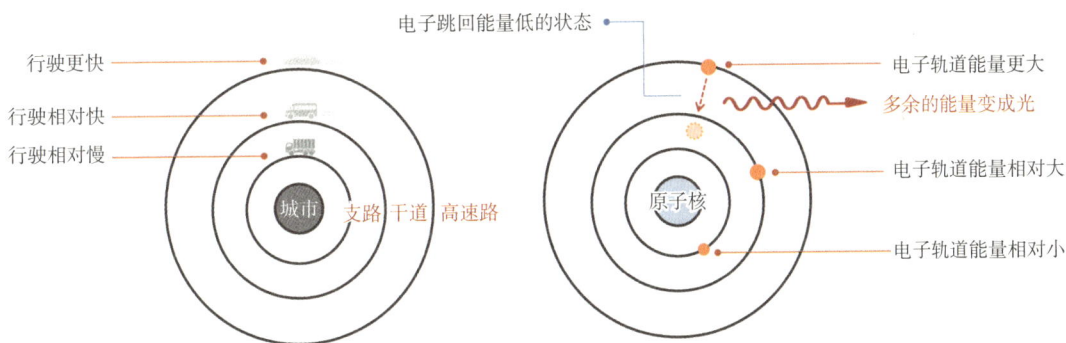

图 2-1-3　玻尔氢原子理论

总之，光的产生几乎都离不开能量变化的过程，无论是热辐射还是跃迁发光，发光过程都可以理解为因某种原因而导致的向外辐射或释放能量，这部分能量就是可见光。

（二）波长

波长是电磁波在传播方向上一个振动周期的传播距离。通俗地理解，波长是一个长度单位，描述的是波的传播方向上的一段距离大小，可以用水波的例子来理解，如图 2-1-4 所示。

在图 2-1-4 中，物体落入水中产生了涟漪。我们可以将物体的落点视为波源，即水波产生的起始点，如果将水波类比作光辐射波，那么这个落点就相当于光源。水源从波源向外扩散，这个扩散过程代表了波的传播方向。水波中相邻波峰（波的最高点）或相邻波谷（波的最低点）之间的距离则定义为波长。

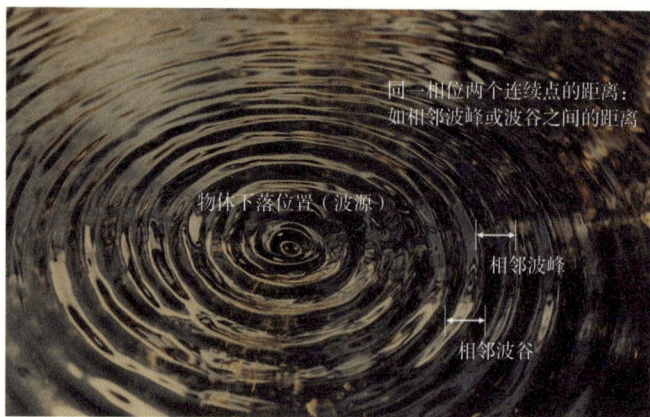

同一相位两个连续点的距离：如相邻波峰或波谷之间的距离

物体下落位置（波源）

相邻波峰

相邻波谷

图 2-1-4　水波类比波长定义

（三）光谱

对于可见光辐射，波长不同则光的颜色不同。通常情况下，自然界中的光源都含有多种波长的光，这种光被称为复合光（或复色光）。对于光源所发出的复合光含有的不同波长光辐射的情况，可以用光谱来表述。照明设计应用主要关注的是发射光谱，即由光源发出的光谱[1]。

光谱定义为把光的组成按单色光的波长或频率依序排列的图像，通常使用直角坐标来表示，如图 2-1-5 所示。

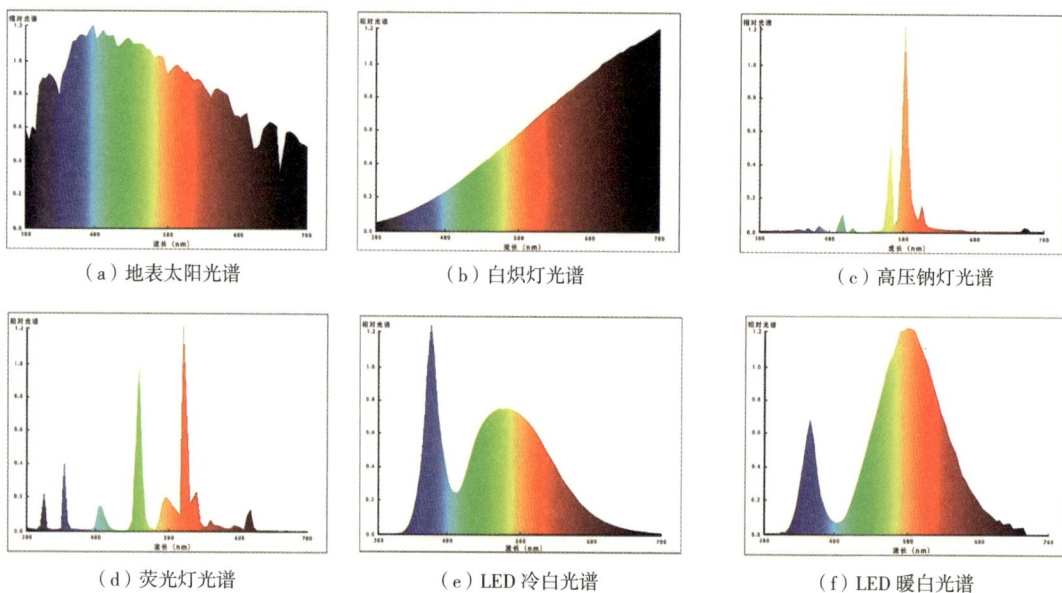

（a）地表太阳光谱

（b）白炽灯光谱

（c）高压钠灯光谱

（d）荧光灯光谱

（e）LED 冷白光谱

（f）LED 暖白光谱

图 2-1-5　各类光源光谱

图 2-1-5 中，横坐标为波长，纵坐标表示辐射强度。如果纵坐标是辐射相对值，

---

[1] 非特别说明本书所提及光谱均为发射光谱。

则光谱称为相对光谱；如果纵坐标是辐射绝对值，则称为绝对光谱。通过光谱可以方便地获取某光源发出不同波长（光色）的光的含量。

可以把光谱比作绘画盘中的颜料，每一个格子代表不同的色光（不同波长的光）（图2-1-6），格子中颜料的多少表示辐射强度，调色盘中所有格子的颜色多少就对应复合光中所有波长的含量，也可理解为光谱是对复合光中不同色光的含量的表述。

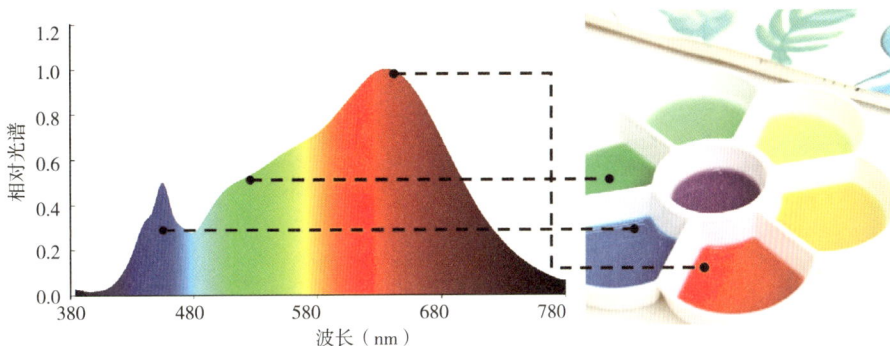

图2-1-6　调色盘颜料类比光谱各色光含量

（四）可见光与不可见光

自然界所有电磁辐射中，人类只能看见特定波长范围的部分，所以把电磁波谱中能够被人眼所感知的这一部分光称为可见光，其他无法被人眼感知的光称为不可见光，如图2-1-7所示。

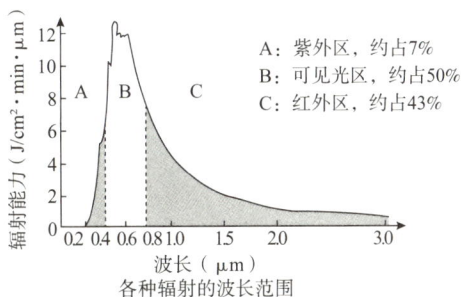

A：紫外区，约占7%
B：可见光区，约占50%
C：红外区，约占43%

图2-1-7　太阳辐射波长范围及能量分布图

太阳辐射光谱中，可见光的波长范围仅占据很小部分，一般认为可见光波长范围为380～780nm，在可见光范围内人眼可以大致分辨出7种颜色，即所谓的"红橙黄绿蓝靛紫"。波长比780nm红光更长的称为红外光，波长比380nm紫光更短的称为紫外光，都属于不可见光范畴。

二、基本光度学知识

（一）光通量

如图2-1-8所示，有两个结构形制完全相同的灯（光源）放在距离人眼相等的位置，假设两灯都只发射不同的单波长可见光（光色不同），在光源功率及其他观测条件均相同的情况下，人眼对两光源的亮暗感知存在差异。

在日常生活中，人们习惯用功率来表述光源的亮暗，即功率越大光源越亮，而图 2-1-8 的例子表明，仅采用功率来表示光的数量是不准确的，因为人眼对功率相同、光色（波长）不同的光的亮暗刺激感受程度不同。

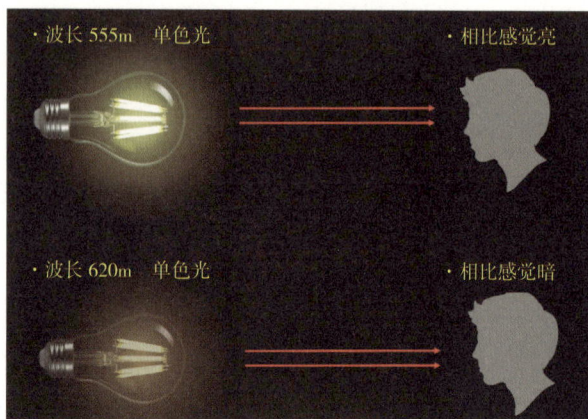

图 2-1-8　人眼对功率相同光色不同的光源的感受

图 2-1-9 表示了人眼在可见光范围内对不同波长光的敏感度，横坐标为波长，纵坐标为人眼的相对光谱光视效能（可以直接理解为人眼对不同波长光的相对敏感度，最大值为 1），把人眼对所有波长可见光光辐射的敏感度（相对光谱光视效能）点连线，即光谱光视效率曲线。

图 2-1-9 中灰色的曲线表示在白天或在周围环境比较亮的情况下，人眼对 555nm 的光（黄绿光）最敏感，即感觉最亮，这条曲线即是对明视觉的光敏感度表述；黑色曲线表示在夜晚或者周围环境较暗的时候，人眼

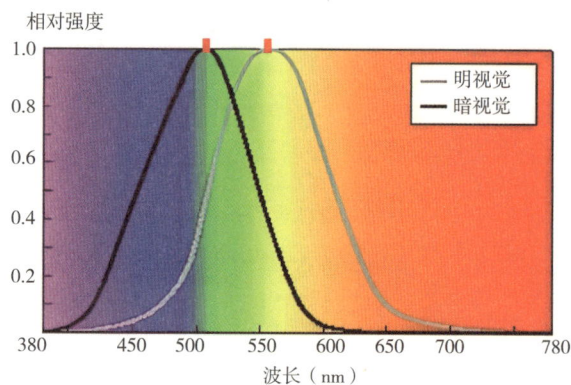

图 2-1-9　光谱光视效率曲线图

对光刺激的感觉发生的变化，敏感峰值变成了 507nm，即曲线整体往短波方向平移了一点，为暗视觉的光敏感度表述。由此可知，人眼对光的感受（感觉亮暗程度）与光的波长、光环境亮暗密切相关。所以，对于某一光源来说，仅用其功率（辐射能量）来表示光的数量是不准确的，需要一个单位来准确描述基于人眼明暗感知的光的数量。

光通量：根据辐射对标准光度观察者的作用导出的光度量。单位为"流明"，英文 lumen，简写为 lm。由定义可知，光通量就是考虑了人眼对不同波长光的感受性差异而引出的光的数量的单位。光通量定义公式为：

$$\Phi = K_{\mathrm{m}} \int_0^\infty \frac{\mathrm{d}\Phi_{\mathrm{e}}(\lambda)}{\mathrm{d}\lambda} V(\lambda) \mathrm{d}\lambda \qquad (2\text{-}1\text{-}1)$$

式中：　Φ——光通量，lm；

$\mathrm{d}\Phi_{\mathrm{e}}(\lambda)/\mathrm{d}\lambda$——辐射通量的光谱分布，W；

$V(\lambda)$——光谱光视效率；

K_{m}——最大光谱光视效能，在明视觉时 K_{m} 为 683 lm／W。

照明设计应用一般不会要求直接计算光通量，一般的灯具光源在出厂时会提供光通量数据，对于计算相对繁琐的光通量定义公式，通过拆分简化可帮助读者进一步理

解其含义。

如图 2-1-10 所示：

$$\Phi = K_m \int_0^\infty \frac{\mathrm{d}\Phi_e(\lambda)}{\mathrm{d}\lambda} V(\lambda)\mathrm{d}\lambda$$

图 2-1-10　光通量计算公式的拆解

红色虚线部分——光通量，lm；

蓝色虚线部分——光谱光视效能，其表示某一波长的单色光辐射通量（对人工光源可看作功率）可产生的光通量数量，所以单位为 lm/W（每单位瓦可产生的流明数量）。"最大光谱光视效能 K_m"就是不同视觉条件下，每单位辐射功率的人眼最敏感波长产生的光通量数量。如图 2-1-9 所示，对于明视觉，最敏感色光为波长 555 nm 的黄绿光，每瓦所产生的光通量为 683 lm，即 K_m=683 lm/W；对于暗视觉，最敏感色光为波长 507 nm 的蓝绿光，每瓦所产生的光通量为 1700 lm，即 K_m=1700 lm/W，所以式中蓝色虚线部分可理解为光效（单位 lm/W），且为固定值；

黄色虚线部分——积分符号内实际为对光的成分的描述，即辐射通量的光谱分布。可以通俗理解为所需计算的光源发出不同光色（波长）单色光的含量，用不同单色光的能量来表示（功率），也可看作复合光光谱的数学表达，所以黄色部分可看作光的成分，单位为 W；

绿色虚线部分——前述已知人眼对不同波长单色光的敏感度差异，$V(\lambda)$ 实际就是光谱光视效率函数，即图 2-1-9 中的曲线，所以绿色的部分实际上可看作人眼对光的成分（不同波长单色光）的明、暗修正。

由上述分析，式（2-1-1）可简化为：

光通量（lm）= 光效（lm/W）× 光的成分（W）× 人眼对成分中不同光明暗程度的修正

又因光效为固定值，可看作公式中的系数，则可进一步简化为：

光通量 = 系数 × 光的成分 × 明暗程度的修正

由简化式可知，光通量实际就是基于人眼对不同单色光辐射的敏感度差异，对光的成分（各波长单色光辐射能量）进行修正后的数值，所以光通量是可以描述明暗视觉感受的光的数量，照明设计应用所需掌握的其他基本光度学概念都与光通量有关。

（二）发光强度

光通量可理解为被人眼感知的光的数量，是一个标量，即没有方向，只有数值大小。图 2-1-11 中，灯泡向空间中发射可见光，已知光的总数量可以用光通量来表示；如果在灯泡上方加入灯罩，则可以直观地理解为灯泡发出的光在空间中的分布情况发生了变化。假设光在灯罩中的反射不产生任何损耗，即加罩子和没加罩子两种情况的光通量完全相同，可见，仅用光通量无法描述发光体发出的光在空间中的分布情况。

发光体在给定方向上的发光强度（简称光强）是该发光体在该方向的立体角元

dΩ 内传输的光通量 dΦ 除以该立体角之商，即单位立体角内的光通量。单位为"坎德拉"，英文 candela，简写为 cd。

光强的单位坎德拉是国际单位制（SI）的 7 个基本单位之一，因为发光强度最开始是使用蜡烛的烛光来定义的，candela 来源于拉丁语"蜡烛"。

光强定义中的立体角是物体对特定点的空间立体角度，如图 2-1-12 所示，假设空心球体球心处放一光源，球体表面有一面积 A 的区域，由该区域 A_1、B_1、C_1、D_1 四点分别向球心（光源位置）做连线，这样的一个近似锥形的立体空间就称为立体角，立体角的单位为球面度（sr），是以 A 的面积和球体半径 R 平方之比来度量：

$$\Omega = A / R^2 \qquad (2-1-2)$$

由式（2-1-2）可看出，面积越大，相对某一点（球心）的立体角越大。

从定义可知，光强是光源发出的光在单位立体角元 dΩ 内的光通量 dΦ，光强符号常用 I 来表示，即：

$$I = \frac{\mathrm{d}\Phi}{\mathrm{d}\Omega} \qquad (2-1-3)$$

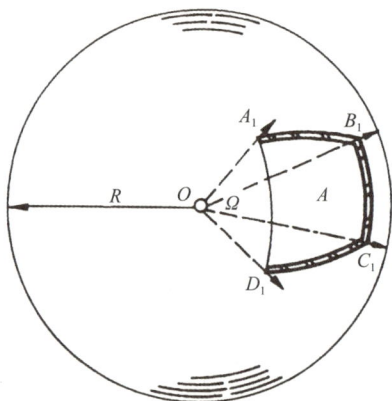

图 2-1-12 立体角概念示意图

如果考虑在某一方向（假设以 α 角表示方向）的光强均匀分布在立体角 Ω 内，则 α 角方向上立体角 Ω 内的光强为：

$$I_\alpha = \frac{\Phi}{\Omega} \qquad (2-1-4)$$

基于光强定义公式可知，cd=1 m/sr，即光强单位坎德拉（cd）等于每球面度（sr）立体角内的光通量（lm）。

为了更通俗地理解光强与光通量的关系，可以类比一个生活实例，如图 2-1-13 所示，如果把一个人的头看作光源，头发则可类比为光源发出的一根根光线，因为光通量是描述光数量的基本单位，那么头发的总数量则可等同于光通量（头发根数 = 流明数）。

如图 2-1-13 所示，假设在改变发型的过程中头发不掉，则两种发型的头发总数量

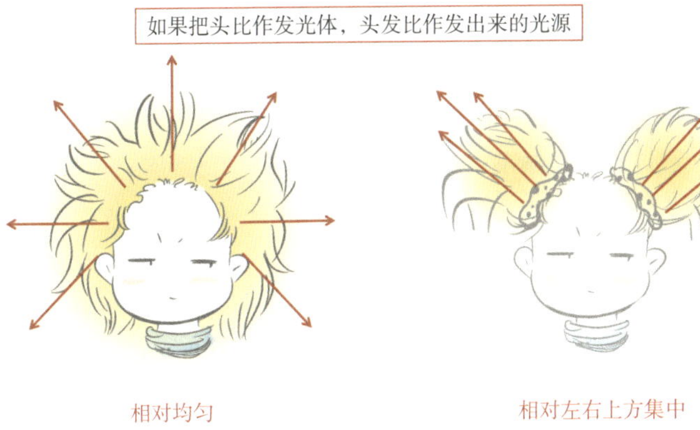

如果把头比作发光体，头发比作发出来的光源

相对均匀   相对左右上方集中

图 2-1-13 光通量与光强关系图

（总流明）始终相等，但头发在空间中的分布（发型）却发生了变化，类比图 2-1-11 中灯泡加罩子（假设光不损失）的例子，虽然光通量相等，但光通量的空间分布变了。在图 2-1-13 中，如果设下巴方向为 0°，左边发型变为右边发型后，头发在约 135°、225° 方向集中，即这两个方向单位空间内的头发更多（空间密度更大）。不同光源发出的光如同不同人的头发，在空间中不同方向上的分布是不同的，一般用角度来表示某一方向，用该方向上的立体角（类似锥形的空间）内的光通量来表示该方向（角度）的光强，如图 2-1-14 所示。

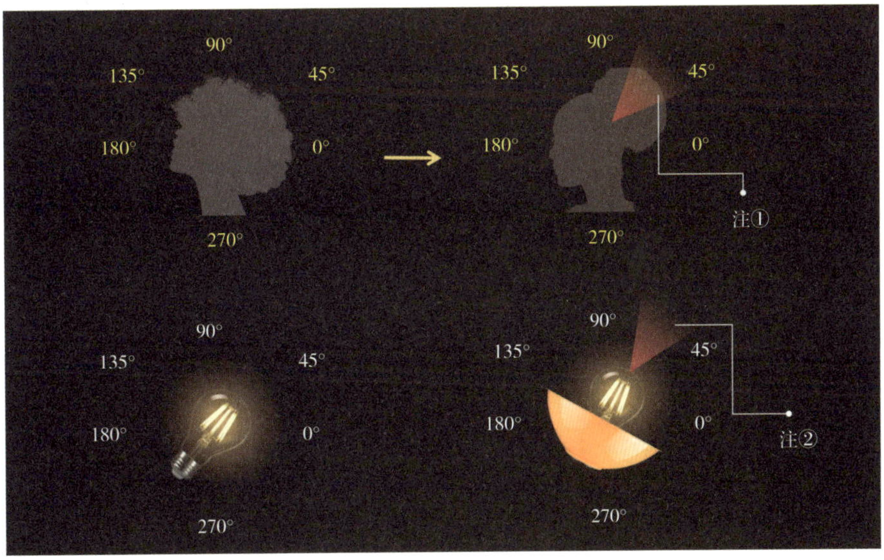

图 2-1-14 光强概念类比头发的释义

注① 人的发型改变后，头发向 45° 方向集中，即在 45° 方向近似锥形的空间内的头发数量更多，即头发密度更大。

注② 光源加了罩子后，光通量向 45° 方向集中，即在 45° 方向近似锥形空间内的光通量更多，该方向锥形空间内（立体角）的光通量数量就等于 $I_{45°}$（该光源 45° 方向的光强）。

所以，发光强度是矢量（有方向），某一方向的发光强度可以理解为光源向空间发出的光通量在这个方向上近似于锥体的体积内的数量（即某方向单位空间体积内的流明密度）。

（三）照度

光通量解决了辐射计量无法准确描述人眼对不同波长可见光的敏感度问题，可视为基于人眼明暗感知的光数量基本单位；发光强度描述了空间中不同方向的光通量分布密度；照度则是与到达被照表面的光通量数量相关。

如图 2-1-15 所示，于相同的灯泡下方相同距离放置两块面积相同的物体，在其中一个灯泡上方加入灯罩，假设仍不考虑光在灯罩中的损失的情况，则两个光源发出的总光通量相同，设光源垂直下方为 0°，则加罩灯泡的 0° 方向的发光强度比裸灯泡的 0° 方向光强更大，即加罩灯泡朝向物体方向的光强更大，所以到达被照物体表面的光通量右边比左边更多，通俗地说也就是对相同的物体来说，加罩灯泡照明比裸灯泡照明更亮。

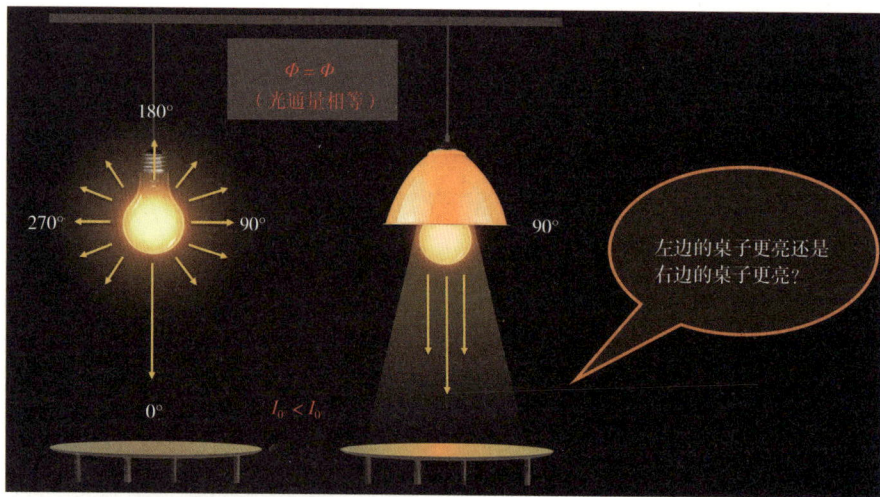

图 2-1-15　被照物方向光强对照度的影响

由图 2-1-15 例子可知，同一个被照物体因到达其表面的光通量不相同而产生了明暗的差异，因此需要一个单位来描述到达被照射物体表面的光通量的多少，即照度。

表面上一点的照度是入射在包含该点面元上的光通量 $\mathrm{d}\Phi$ 除以该面元面积 $\mathrm{d}A$ 之商，常用落在其单位面积上的光通量多少来衡量。单位为"勒克斯"，英文 lux，记为 lx。

照度一般用 E 表示，定义式为：

$$E = \frac{\mathrm{d}\Phi}{\mathrm{d}A} \tag{2-1-5}$$

假设光通量是完全均匀分布在被照表面 A 上时，也就是在面积 A 内各点照度完全相同，则各点照度为：

$$E = \frac{\Phi}{A} \tag{2-1-6}$$

由照度的定义式可以看出，1 lx 等于 1 lm 光通量均匀分布在 1 m² 的被照表面，即 1 lx=1 lm/m²，单位面积的光通量越大，则照度越高。照度可以看作是用来衡量光通量在被照表面的分布密度的单位。

（四）亮度

如图 2-1-16 所示，假设左右两光源完全相同，且光源与被照物体的距离、被照物表面积都相同。据前述光度学概念定义可知，左右两种情况光源光通量、光强及被照物体表面照度均相等，而人眼看被照物体表面的亮暗感觉却不尽相同。

图 2-1-16　相同光源和被照表面积的不同物体亮暗情况

由图 2-1-16 可直观地理解，造成物体亮暗不同的原因是物体的表面材质不同。深色表面反射的光少，浅色表面反射的光多，即通过物体表面反射后进入人眼的光通量，浅色物体要多于深色物体，所以浅色物体要比深色物体看起来更亮。

图 2-1-16 所示的例子也说明了光通量、发光强度与照度概念均不能描述光与被照物体相互作用后进入人眼的数量（光通量），某一物体（自发光或非自发光）在视觉中的亮暗感知与最终进入人眼的光通量有关，而亮度的概念就是用来表述这一现象的。

亮度是由公式 $L=\mathrm{d}^2\Phi/(\mathrm{d}\Omega\cdot\mathrm{d}A\cdot\cos\alpha)$ 定义的量。可理解为单位投影面积上的发光强度，单位为"坎德拉 / 平方米"，简写 $\mathrm{cd/m}^2$，有时候也用单位"尼特"（nit），$1\,\mathrm{nit}=1\,\mathrm{cd/m}^2$。

已知亮度与进入人眼的光通量相关，因视网膜是人眼的光接收器且具有一定的面积，所以衡量明暗感觉的亮度与发光体发出光的视网膜照度成正比。

如图 2-1-17 所示，光在人眼视网膜上形成的照度，与发光体朝向视网膜（眼睛）方向的发光强度有关；同时，与发光面积的大小成反比，可理解为在光强相同的情况下，增大面积类似稀释了出光的密度，所以看上去更暗。

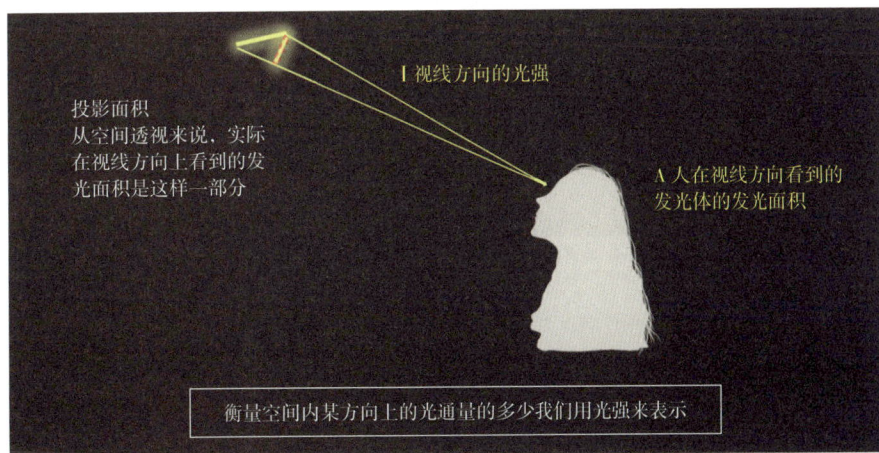

图 2-1-17　亮度与光强和发光面积的关系

根据光强定义式（2-1-3），可把亮度定义公式 $L=d^2\varPhi/(d\varOmega \cdot dA \cdot \cos\alpha)$ 简化为 $L=dI/(dA \cdot \cos\alpha)$，假设发光面形成的光束内光强均相等，则发光面在人眼方向（α 角方向）的亮度为（图2-1-18）：

$$L_a = \frac{I_\alpha}{A\cos\alpha} \qquad\qquad (2-1-7)$$

式中：L_a——朝向人眼方向的亮度；

$\quad\quad I_\alpha$——发光面朝向人眼方向的光强；

$A\cos\alpha$——发光面在人眼视线方向的投影面积。

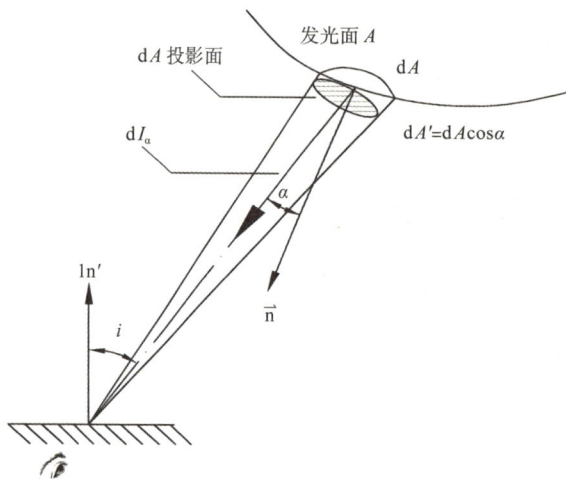

图2-1-18　亮度概念示意图

式（2-1-7）中的投影面积可以理解为在人眼视线方向看到的发光面大小，如图2-1-19所示。

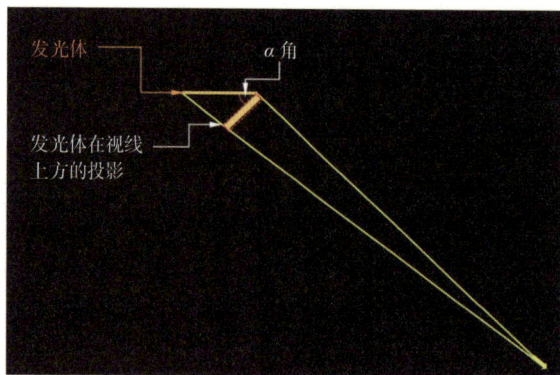

图2-1-19　人眼视线方向看到的发光面大小

所以，发光体在某一方向的亮度是由其在空间中朝向人眼发出的光的数量（朝向人眼方向的光强，单位 cd）与发光面在视线方向的投影面积（单位 m^2）决定的，所以亮度的单位为 cd/m^2。由于亮度是由光强定义的，因光强是矢量，所以亮度也有方向，发光体表面亮度在各方向上不一定相同。与光强类似，常在亮度符号后用下标表示角度，表示与发光表面法线呈某角度方向上的亮度。

亮度描述了进入人眼的光通量，与视网膜照度成正比，是直接反映人眼明暗感知的光度学单位，如果不是光源自发光而是经物体反光或透光，亮度则可以反映物体的反射、透射等光学特性，如图 2-1-20 所示。

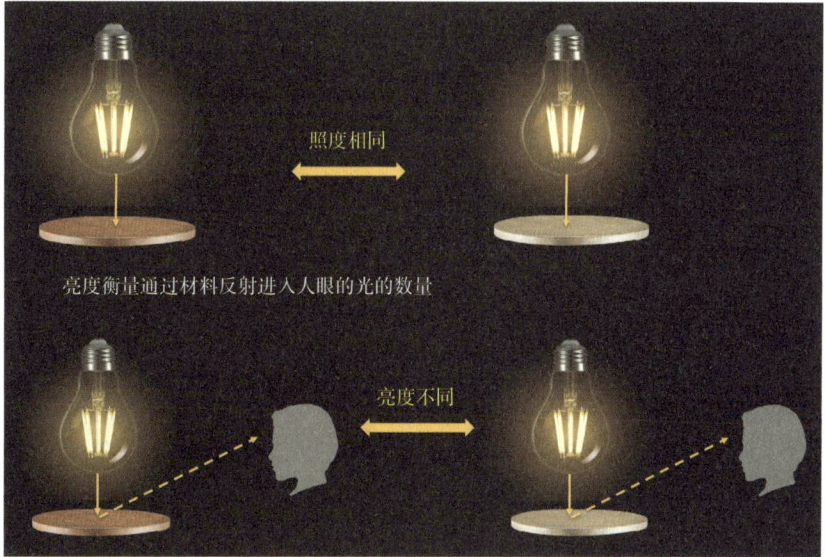

图 2-1-20　亮度反应材料的光学特性

三、设计应用

图 2-1-21 通俗地表达了照明设计应用四个基本光度学概念之间的关系：光源正在发出的光的数量可用光通量来表示（单位 lm）；光通量在空间中不同方向的分布情况用光强表示（单位 cd），设光源垂直下方为 0°，在 30° 方向放置一本书，朝向书本中心的光强大致可用 $I_{30°}$ 表示；书本表面获得了来自光源的光通量，所以在书本单位表面积上分布的光通量可以用照度来表示（即 lx，单位 lm/m^2）；人眼感知书本表面的亮暗则与经过书本反射进入人眼的光通量（该方向的光强）与书本在人眼视线方向的面积（投影面积）有关，可以用亮度来表示（单位 cd/m^2）。

基本光度学术语在照明设计实践应用中有着重要意义，涉及光源灯具参数、光的空间分布等多方面内容。

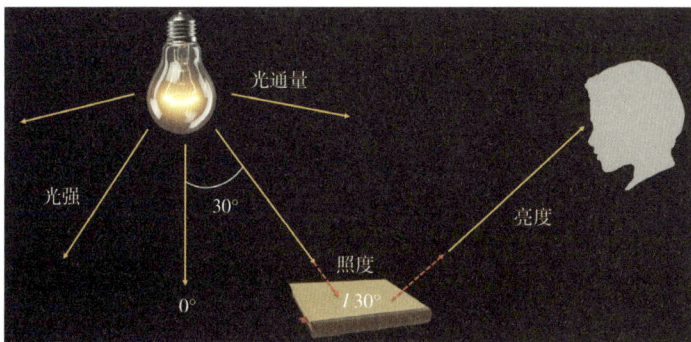

图 2-1-21　基本光度学概念关系图

（一）照明计算

1. 光强与照度：平方反比定律

我们可以把光强理解为空间中给定方向的光通量密度；照度则是被照表面单位面积的光通量密度，二者均是描述光通量不同分布状态的量，所以光强与照度的关系可通过与光通量的联系进行确定。

平方反比定律是通用的物理定律，即如某种物理量的分布或强度与源的距离的平方成反比关系，这个物理量就遵循平方反比定律（图 2-1-22）。

如图 2-1-22 所示，假设在 O 点放置一个光源，向等距（间距为 s）的三个球表面片段发射光线，已知球表面面积计算公式为 $4\pi r^2$，所以三个等距的球表面片段 A_1、A_2、A_3 相当于半径 r 分别为 s、$2s$ 和 $3s$，它们的面积比为球半径 r 的平方比，即 $1:4:9$。同时，落到球表面片段 A_1、A_2、A_3 上的总光通量是相等的，根据照度的定义，则可得出三个球面片段的照度比，如表 2-1-1 所示。每个球表面片段上的光通量密度即该片段上的照度，与各面的距离（半径 r）的平方成反比，遵循平方反比定律。

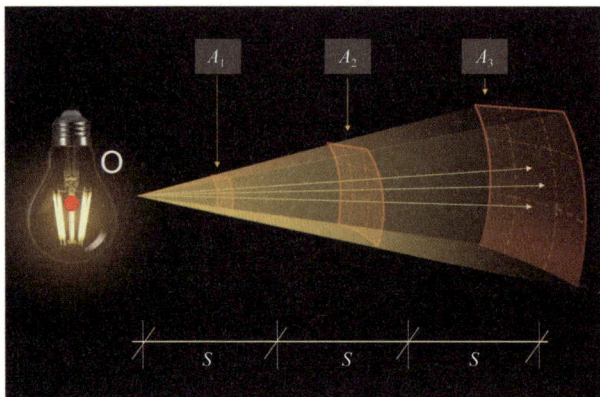

图 2-1-22 平方反比定律图

表 2-1-1 球面片段照度计算表

球面片段	A_1	A_2	A_3
落在表面的总光通量	Φ	Φ	Φ
面积	1	4	9
照度＝光通量／面积	$\Phi/1$	$\Phi/4$	$\Phi/9$
三球面片段照度比	$1:1/4:1/9$		

在一般照明灯具资料中，常见如图 2-1-23 所示等距照度图（或称等距有效平均照度图），即典型的平方反比定律的应用。图中光源置于锥形顶部，从图中分别可以读出等距的光斑直径大小、光束角度、各距离表面的平均照度与中心照度等，其中平均照度值与距离的平方呈现反比的趋势。

平方反比定律在照度与光强的关系中同样得到体现：

基于光强定义式（2-1-4）可得 $\Phi=I_\alpha\times\Omega$，已知立体角 $\Omega=A/R^2$，可得：

$$\Phi = I_\alpha \frac{A}{R^2} \qquad (2\text{-}1\text{-}8)$$

把式（2-1-8）代入照度定义式 $E=\Phi/A$，则可得：

$$E = \frac{I_\alpha}{R^2} \qquad (2\text{-}1\text{-}9)$$

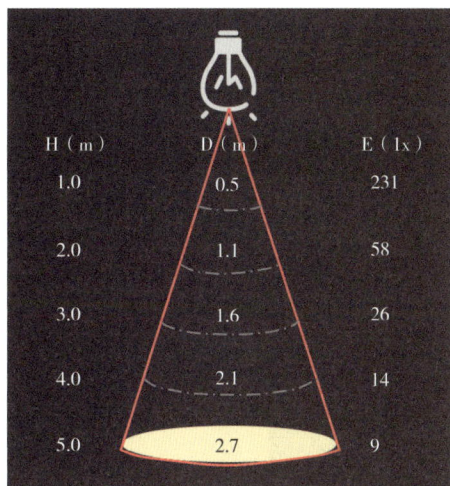

图 2-1-23 等距照度图

式（2-1-9）表明，某点的照度 E 与点光源在朝向此点方向的光强 I_a 成正比，与该点到光源的距离 R 的平方成反比，这就是照度与光强之间的距离平方反比关系。

在图 2-1-22 中，三个球面片段 A_1、A_2、A_3 对于位于 O 点的光源所形成的立体角大小其实是相等的，所以该方向的光强是相等的，而面积与距离（球半径）的平方呈现正比关系，在通过各表面的总光通相等的情况下，面积越大则该表面上的光通量密度（照度）越小。

利用照度与光强之间的平方反比定律，可以方便计算点光源对某点产生的照度值，如图 2-1-24 所示，A 点位于灯具垂直正下方（设该方向为 0°），B 点位于灯具右侧 45° 方向。若要计算 A 的照度，则只需获知灯具朝向 A 点（0° 方向）的光强值 I_0（可通过灯具配光曲线查阅）及灯具出光面与 A 点的距离 R_1（实践应用中距离较易测量），则可基于式（2-1-9）计算出 A 点照度为 $E_A = I_0 / R_1^2$。

距离桌面垂直距离为 R_1

0°　45°

被照表面法线

R_2

$i=45°$

A

B

$\dfrac{I_{0°}}{R_1^2}$

$\dfrac{I_{45°}}{R_2^2} \cos 45°$

图 2-1-24 点照度计算示意图

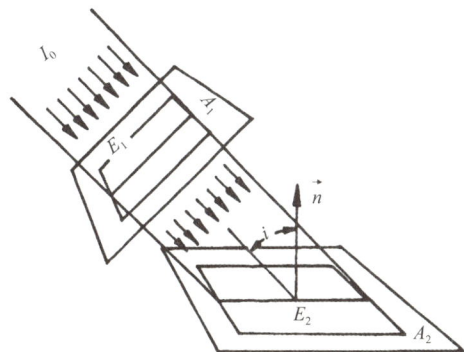

I_0

A_1

E_1

$\vec{n}$

i

E_2

A_2

图 2-1-25 入射光与被照面不垂直的点照度计算示意图

对于 B 点来说，入射光线与被照表面不垂直（即与被照表面法线不重合）的情况，如图 2-1-25 所示，表面 A_1 与光线方向垂直，A_2 与 A_1 夹角为 i，可直观看出达到 A_1 表面和 A_2 表面的光通量相同，即 $\Phi = A_1 E_1 = A_2 E_2$，由于 A_1 的面积更大且 $A_1 = A_2 \cos i$，所以 $E_2 = E_1 \cos i$。

在图 2-1-24 中，B 点与光线入射方向不垂直，与图 2-1-25 中 E_2 类似，所以 B 点的照度应为 $E_B = (I_{45°} / R_2^2) \times \cos 45°$，即当计算点表面与入射光不垂直的情况，则用式（2-1-10）进行计算：

$$E = \frac{I_\alpha}{R^2}\cos i \qquad (2\text{-}1\text{-}10)$$

2. 照度与亮度

（1）立体角投影定律

立体角投影定律主要指发光光源的亮度与其所形成的照度之间的关系，如图 2-1-26 所示：

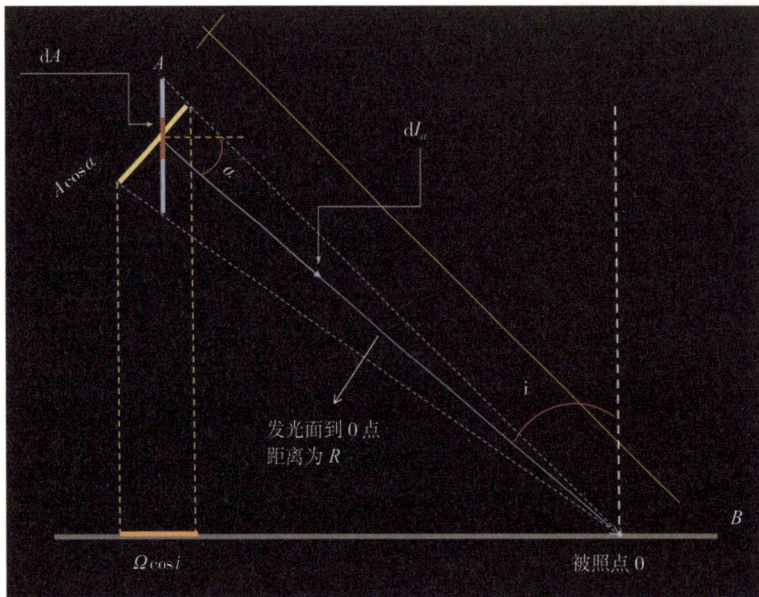

图 2-1-26　发光光源的亮度与形成照度关系图

假设 A 为均匀发光的表面（即各方向亮度相等），B 为被照面，如果在发光表面取一块很小的区域 dA，由于距离被照面的距离足够长，这个区域 dA 可以当作点光源，假设发光面 dA 距离与被照射点 O 距离为 R，dA 向 O 点照射的方向与其表面法线夹角为 α，则该投射方向的光强为 dI_α，投射方向与被照表面 B 的法线的夹角为 i，根据距离平方反比计算式（2-1-10），可知这个小发光面 dA 在 O 点处的照度为：

$$dE = \frac{dI_\alpha}{R^2}\cos i \qquad (2\text{-}1\text{-}11)$$

同时，对于这个小发光面 dA 来说，根据亮度的定义式（2-1-7），可得：

$$dI_\alpha = L_\alpha dA \cos\alpha \qquad (2\text{-}1\text{-}12)$$

即小发光面 dA 朝向 O 点方向的光强 dI_α 等于"朝向 O 点方向的亮度 L_α 与 dA 在投射方向的投影 $dA\cos\alpha$ 的乘积。

如果把式（2-1-12）中的 dI_α 代入式（2-1-11），则可得到：

$$dE = L_\alpha \frac{dA\cos\alpha}{R^2}\cos i \qquad (2\text{-}1\text{-}13)$$

可以看到式（2-1-13）中 $\frac{dA\cos\alpha}{R^2}$ 其实是小发光面 dA 对被照射点 O 形成的立体角 $d\Omega$，所以式（2-1-13）转化为：

$$dE = L_\alpha d\Omega \cos i \qquad (2\text{-}1\text{-}14)$$

因为 dA 仅是发光面 A 中很小的一部分，而发光体 A 的其他区域发出的光都会对 O 点的照度有贡献，前面已假设 A 是均匀发光的表面，所以整个发光体 A 对于 O 点的照度可以写为：

$$E = L_a \Omega \cos i \tag{2-1-15}$$

式中：E——被照点的照度；

　　　L_a——光源朝向被照点方向的亮度（本例为均匀发光光源）；

$\Omega \cos i$——光源发光表面朝向被照点形成的立体角在被照表面的投影。

式（2-1-15）即立体角投影定律，可理解为一发光光源朝向被照射点的亮度为 L_a，被照射点的照度 E 等于发光光源对该被照点形成的立体角在被照面上形成的投影 $\Omega \cos i$ 与该光源亮度 L_a 的乘积。

通俗理解立体角投影定律，如图 2-1-26：发光面 A 和 $A\cos\alpha$ 虽然互为夹角 α，但对于被照射点 O 来说形成的立体角相同，所以立体角投影也相等，根据式（2-1-15）可知，只要亮度相等，则在被照点 O 形成的照度就相同。

立体角投影定律表明，当发光面的尺寸远小于到被照面的距离时，即可把发光面看作点光源，且这个时候光源在被照面上某点形成的照度，与光源朝向该点的亮度与光源朝向该方向形成的立体角投影相关。

（2）入射照度与反射、透射亮度

光在传播过程中遇到介质会产生反射、吸收和透射的作用。对于艺术照明设计来说，大部分的视觉表现效果都是光与材料相互作用实现的，因此，需掌握光照射材料（介质）的照度与材料相互作用后的亮度之间的计算方法。

如图 2-1-27（a）所示，相同材料表面颜色不同，人眼的视觉感受亮暗程度则不同（见亮度定义），即材料表面对光反射能力存在差异，可以用材料表面反射比（反射或反光系数）来表示，常用字母 ρ 或 r 表示，反射比可理解为反射光通量与入射光通量的比值，常见材料反射比（反射系数）如表 2-1-2 所示。

（a）黑色、浅色的材料（反射比）

图 2-1-27

（b）漫反射、混合反射、镜面反射（反射特性）

图 2-1-27　不同材料的反射比与反射特性

表 2-1-2　常见建筑材料反射比（反射系数）

材料名称		r 值	材料名称		r 值	材料名称		r 值
石膏		0.91	马赛克地砖	白色	0.59	塑料贴面板	浅黄色木纹	0.36
大白粉刷		0.75		浅蓝色	0.42		中黄色木纹	0.30
水泥砂浆抹面		0.32		浅咖啡色	0.31		深棕色木纹	0.12
白水泥		0.75		绿色	0.25	塑料墙纸	黄白色	0.72
白色乳胶漆		0.84		深咖啡色	0.20		蓝白色	0.61
调和漆	白色和米黄色	0.70	铝板	白色抛光	0.83～0.87		浅粉白色	0.65
	中黄色	0.57		白色镜面	0.89～0.93		广漆地板	0.10
红砖		0.33		金色	0.45		菱苦土地面	0.15
灰砖		0.23	大理石	白色	0.60		混凝土面	0.20
磁釉面砖	白色	0.80		乳色间绿色	0.39		沥青地面	0.10
	黄绿色	0.62		红色	0.32		铸铁、钢板地面	0.15
	粉色	0.65		黑色	0.08	镀膜玻璃	金色	0.23
	天蓝色	0.55	水磨石	白色	0.70		银色	0.30
	黑色	0.08		白色间灰黑色	0.52		宝石蓝	0.17
无釉陶土地砖	土黄色	0.53		白色间绿色	0.66		宝石绿	0.37
	朱砂	0.19		黑灰色	0.10		茶色	0.21
浅色彩色涂料		0.75～0.82	普通玻璃		0.08	彩色钢板	红色	0.25
不锈钢板		0.72	胶合板		0.58		深咖啡色	0.20

　　如图 2-1-27（b）所示，虽然材料表面反射比近似，但呈现出不同的视觉感受，这与材料表面反射光的分布情况有关，图 2-1-28 表示了光经不同光滑程度表面反射后的情况。

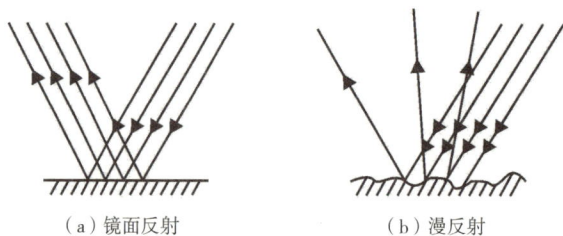

（a）镜面反射　　　　（b）漫反射

图 2-1-28　漫反射与镜面反射示意图

由图 2-1-28 可看出，材料表面越光滑，光的入射反射情况越接近规则反射（镜面反射）；材料表面越粗糙，即微观条件下朝向不同的小反射面越多，所以光的反射更加分散，当因材料表面粗糙程度导致反射光完全无规律（没有特定的反射方向）时，称为漫反射（不规则反射）；物体表面粗糙程度中等，反射效果介于镜面反射与漫反射之间的，称为混合反射，即反射光在规则反射方向具有最大亮度，朝向其他方向也有反射亮度的情况，照明设计应用实践中，较多材料都具有混合反射特性。

因材料经过反射后光通量有损失，所以材料反射的亮度均基于反射比有不同程度降低，规则反射材料表面的反射亮度可以直接用反射比计算，而混合反射因其反射情况的复杂而没有统一的计算方法，而漫反射材料各方向亮度相等，与表面入射照度的关系如式（2-1-16）:

$$L = \frac{E \times r}{\pi} \qquad (2\text{-}1\text{-}16)$$

式中：E——漫反射材料表面入射照度；

　　　L——漫反射材料表面反射亮度；

　　　r——漫反射材料反射比。

如图 2-1-29 所示，光在透明介质中传播时有一部分会被吸收，通过介质的光通量与入射介质的光通量的比值称为透射比（透射或透光系数），常用字母 t 或 τ 表示，常见材料反射系数如表 2-1-3 所示。

图 2-1-29　不同透射比的玻璃

表 2-1-3　常见建筑材料透射比（透射系数）

材料名称	颜色	厚度（mm）	τ 值	材料名称	颜色	厚度（mm）	τ 值
普通玻璃	—	3~6	0.78~0.82	聚碳酸酯板	—	3	0.74
钢化玻璃	—	5~6	0.78	聚酯玻璃钢板	本色	3~4 层布	0.73~0.77
磨砂玻璃（花纹深密）	—	3~6	0.55~0.60	小波玻璃钢板	绿色	3~4 层布	0.62~0.67
压花玻璃（花纹深密）	—	3	0.57	大波玻璃钢板	绿色	—	0.38
（花纹浅疏）	—	3	0.71	玻璃钢罩	绿色	—	0.48

材料名称	颜色	厚度（mm）	τ 值	材料名称	颜色	厚度（mm）	τ 值
夹丝玻璃	—	6	0.76	钢窗纱	本色	3~4层布	0.72~0.74
压花夹丝玻璃（花纹浅疏）	—	6	0.66	镀锌铁丝网（孔20×20mm²）	绿色	—	0.70
夹层安全玻璃	—	3+3	0.78	茶色玻璃	茶色	—	0.89
双层隔热玻璃（空气层5mm）	—	3+5+3	0.64	中空玻璃	茶色	3~6	0.08~0.50
吸热玻璃	蓝色	3~5	0.52~0.64	安全玻璃	—	3+3	0.81
乳白玻璃	乳白色	1	0.60	镀膜玻璃	—	3+3	0.84
有机玻璃	—	2~6	0.85	镀膜玻璃	金色	5	0.10
乳白有机玻璃	乳白色	3	0.20	镀膜玻璃	银色	5	0.14
聚苯乙烯板	—	3	0.78	镀膜玻璃	宝石蓝色	5	0.20
聚氯乙烯板	本色	2	0.60	镀膜玻璃	宝石绿色	5	0.08
				镀膜玻璃	茶色	5	0.14

光经透光材料出射后，其分布情况基于材料内部分子结构的差异而有所不同，如图 2-1-30 所示。

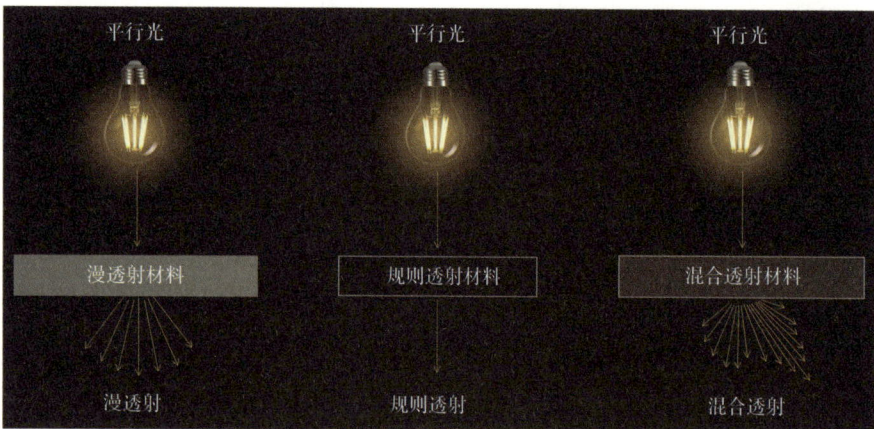

图 2-1-30　漫透射、规则透射及混合透射示意图

光的透射特性分为规则透射、漫透射与混合透射三种。规则透射多见于纯净透明的材料，即通过材料后出射光的方向与入射光的方向平行，如通过透明玻璃、亚克力这样的材料可以清楚地看到一侧的物体；漫透射是光在穿过透光介质时，出射光向各方向均匀扩散的现象，可理解为透光材料内部分子无序排列而引起的散射，常见漫透

射材料包括乳白玻璃、PC 扩散板等；兼有规则透射与漫透射性质的材料称为混合透射材料，如各类压花玻璃、某些磨砂玻璃等，艺术照明设计中会遇到较多混合透射材料。通俗地理解，如混合透射偏规则透射，就显得更"透明"，若偏漫透射，就更加"不透明"。

与材料的反射特性类似，对于漫透射来说，透过材料向各方向出射的亮度与入射材质表面的照度关系如式（2-1-17）所示：

$$L = \frac{E \times \tau}{\pi} \tag{2-1-17}$$

式中：E——漫透射材料表面入射照度；

L——漫透射材料出射亮度；

τ——漫透射材料透射比。

3. 利用系数法

利用系数法（也称流明法）是照明设计应用中重要的计算方法之一，可基于确定的照明方式和预设条件核算平均照度或估算灯具数量，利用系数法中的"利用系数"常用 C_u 表示，其定义是到达目标计算被照表面（工作面）的光通量与空间中所有灯具发出的光通量的比值：

$$C_u = \frac{\Phi_u}{\Phi_t} \tag{2-1-18}$$

式中：C_u——利用系数；

Φ_u——到达目标被照面（工作面）的光通量；

Φ_t——灯具发出的总光通量。

如图 2-1-31 所示，光源发出的光通量会在灯具内部损耗一部分（如反射罩、透镜等配光器件对光产生的损耗），这与灯具形制结构有关；同时，从灯具出射的光通量并不是恰好全部照射在目标表面（工作面），其中部分光通量到达了墙面、顶棚或地面等其他表面，并通过反射到达目标被照表面，最终落在工作面上的光通量 Φ_u 由灯具直射光 Φ_d 与其他表面的反射光 Φ_r 两部分组成。

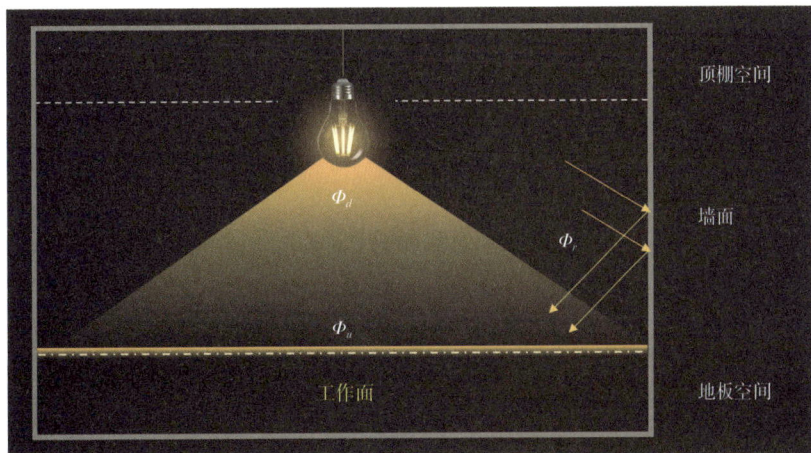

图 2-1-31　工作面光通量组成示意图

由此可见，利用系数 C_u 与灯具、照明方式、空间形制和空间表面材料光学特性有关：

（1）与灯具相关因素。

①灯具类型。

由于直射光为被照表面主要的光通量来源，所以直接型灯具对被照表面的贡献最大，利用率相较于其他配光形制的灯具更高。

②灯具效率。

灯具效率即灯具出射光通量与灯具光源发出总光通量的比值，灯具光源发出的光通量并不是 100% 完全射出灯具，有一部分因为灯具结构形制的原因产生了损耗，所以灯具出光效率越高则利用系数相对越高（图 2-1-32）。

不同的灯具类型效率存在差异，所以在实际应用中，一般厂家都会在灯具的光度数据中提供匹配该灯具的利用系数表以供查阅，如图 2-1-33 所示。

产品数据表

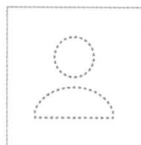

产品编号	DLT41-LM18E-330SWT
P	21.0W
$\Phi_{光源}$	1975 lm
$\Phi_{灯具}$	1709 lm
η	86.53%
光效率	81.41 lm/W
色温	3000K

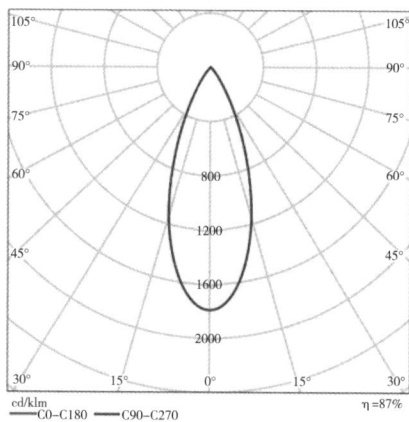

配光曲线（极坐标）

产品数据表

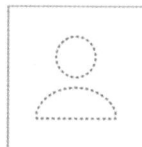

产品编号	DDF3P-LM07E-301BWT
P	7.5W
$\Phi_{光源}$	800 lm
$\Phi_{灯具}$	345 lm
η	43.08%
光效率	46.01 lm/W
色温	3000K

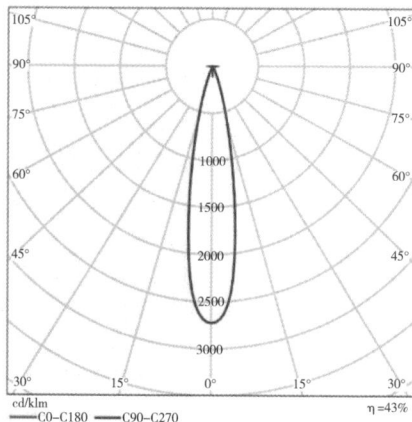

配光曲线（极坐标）

产品数据表

产品编号	DLF31–LM07E–303BWT
P	7.5W
$\Phi_{光源}$	800 lm
$\Phi_{灯具}$	557 lm
η	69.65%
光效率	74.3 lm/W
色温	3000K

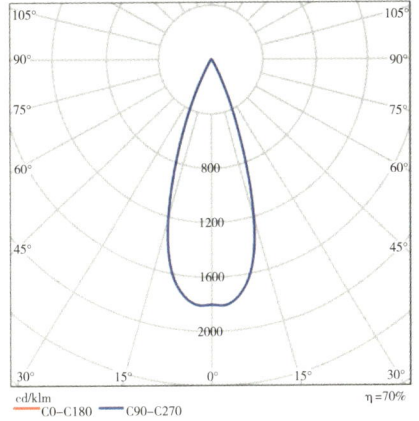

图 2-1-32　不同出光效率的灯具

cd/klm 　── C0–C180　── C90–C270　　　　η =70%

配光曲线（极坐标）

xxx Lighting GONIOPHOTOMETERS SYSTEM TEST REPORT　　Page 4 Of 13

CU AND LUMINAIRE BUDGETARY ESTIMATE DIAGRAM

ρcc	80%			70%			50%			30%			10%			0
ρw	50%	30%	10%	50%	30%	10%	50%	30%	10%	50%	30%	10%	50%	30%	10%	0
ρfc	20%			20%			20%			20%			20%			0
RCR	RCR:Room Cavity Ratio		Coefficients of Utilization(CU)													
0.0	1.19	1.19	1.19	1.16	1.16	1.16	1.11	1.11	1.11	1.06	1.06	1.06	1.02	1.02	1.02	0.00
1.0	1.13	1.12	1.10	1.11	1.10	1.08	1.07	1.06	1.05	1.04	1.03	1.02	1.00	0.00	0.99	0.97
2.0	1.09	1.06	1.04	1.07	1.05	1.03	1.04	1.02	1.00	1.01	1.00	0.98	0.99	0.97	0.96	0.95
3.0	1.05	1.02	0.99	1.04	1.01	0.98	1.01	0.99	0.97	0.99	0.97	0.95	0.97	0.95	0.94	0.93
4.0	1.01	0.98	0.95	1.00	0.97	0.95	0.98	0.96	0.94	0.97	0.94	0.93	0.95	0.93	0.92	0.90
5.0	0.98	0.95	0.92	0.98	0.94	0.92	0.96	0.93	0.91	0.94	0.92	0.90	0.93	0.91	0.89	0.88
6.0	0.96	0.92	0.89	0.95	0.92	0.89	0.94	0.91	0.88	0.92	0.90	0.88	0.91	0.89	0.87	0.86
7.0	0.93	0.90	0.87	0.93	0.89	0.87	0.92	0.89	0.86	0.91	0.88	0.86	0.90	0.87	0.86	0.85
8.0	0.91	0.87	0.85	0.91	0.87	0.85	0.90	0.87	0.84	0.89	0.86	0.84	0.88	0.86	0.84	0.83
9.0	0.89	0.85	0.83	0.89	0.85	0.83	0.88	0.85	0.83	0.87	0.84	0.82	0.86	0.84	0.82	0.81
10.0	0.87	0.84	0.81	0.87	0.83	0.81	0.86	0.83	0.81	0.85	0.83	0.81	0.85	0.82	0.81	0.80

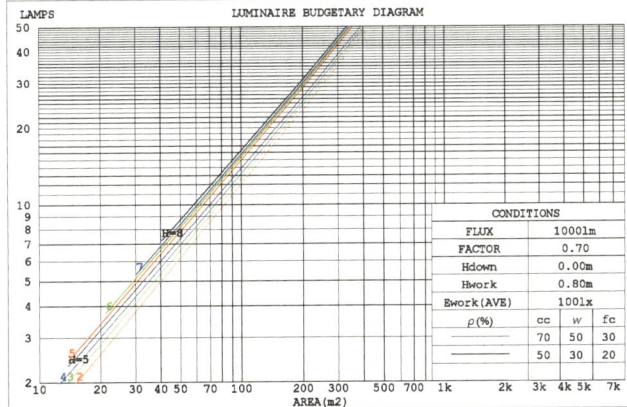

LUMINAIRE BUDGETARY DIAGRAM

CONDITIONS			
FLUX	1000lm		
FACTOR	0.70		
Hdown	0.00m		
Hwork	0.80m		
Ework(AVE)	100lx		
ρ(%)	cc	w	fc
	70	50	30
	50	30	20

C Range: 0 – 360DEG
C Interval: 22.5DEG
Test Speed: HIGH
Temperature:25.3DEG
Operators:Oliver
Test Date:2020-12-17

γ Range: 0 – 180DEG
γ Interval: 1.0DEG
Test System:EVERFINE GO-R5000_V2 SYSTEM V2.00.428
Humidity:65.0%
Test Distance:2.514m [K=1.0000]
Remarks:

图 2-1-33　某灯具利用系数表

（2）空间相关因素。

①空间形状。

空间场所的尺寸形状对利用系数的影响如图2-1-34所示。图中两个空间形态不同的房间，房间1的工作面相对于房间2的工作面更大，也就是房间1的工作面相较于空间中的其他表面占比更大。对于同样的灯具和照明方式，房间1所接收到灯具发出的直接光通量显然比房间2多，所以空间场所的"形状"可以直接影响利用系数的大小。由图2-1-34的示例可知，高度相对于底面积更小，即"宽而矮"的房间灯具直接入射到被照表面的光通量相对更多，而"窄而高"的房间灯具直接入射到被照表面的光通量相对更少，空间尺寸形状一般用"室空间比"RCR（Room Cavity Ratio）或"室形系数"RI（Room Index）来表示，这两个表示空间几何特征的参数都是确定利用系数C_u的重要因素，定义式如下：

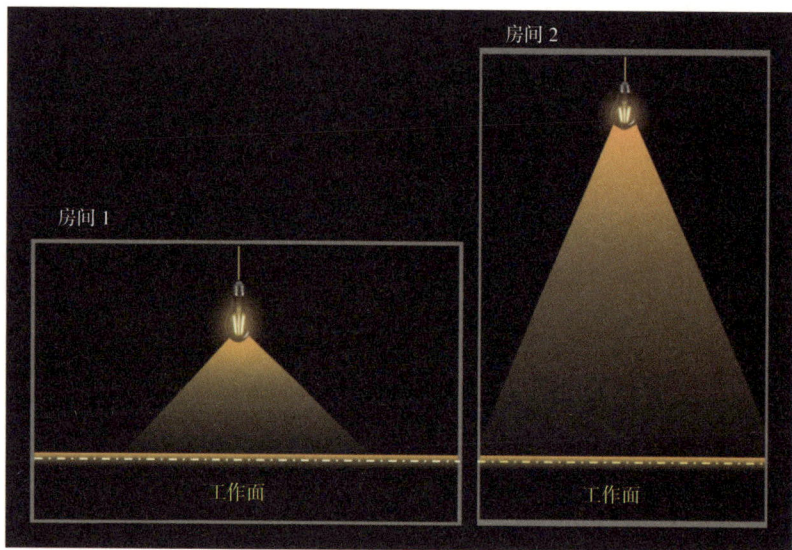

图 2-1-34　空间场所的尺寸形状对利用系数 C_u 的影响示意

$$RCR = \frac{5h(a+b)}{ab} \qquad (2-1-19)$$

$$RI = \frac{ab}{h(a+b)} \qquad (2-1-20)$$

式中：h——灯具到目标被照表面（工作面/计算表面）的高度；

　　　a——空间的宽度；

　　　b——空间的长度。

由式（2-1-19）和式（2-1-20）可知，$RCR=5/RI$，RCR常用于北美相关照明标准，RI则更多出现在欧洲标准中，基于我国不同灯具厂家生产和使用标准的差异，RCR及RI都可能作为确定C_u的参数，且从定义式可知，RCR越大（RI越小）空间相对越"瘦长"，利用系数C_u越小，反之亦然。

②空间各表面的反射比。

由图2-1-34可知，灯具发出的光通量除直接落到被照表面部分外（直接光通量），还有一部分通过空间各表面的反射到达被照表面（间接光通量），因此表面材料的反射比 r 越大，则被照表面获得的间接光通量越多，即利用系数 C_u 越大，常见的房间一般考虑顶棚空间、墙面与地面的反射比对 C_u 的影响，详见表 2-1-4。

表 2-1-4　利用系数表

利用系数 $K=1$												
顶棚 r_{cc}	0.7			0.5			0.3			0.1			0
墙 r_w	0.5	0.3	0.1	0.5	0.3	0.1	0.5	0.3	0.1	0.5	0.3	0.1	0
地面 r_d	0.2			0.2			0.2			0.2			0
室空间比	利用系数												
1	0.79	0.77	0.75	0.76	0.74	0.72	0.73	0.71	0.70	0.70	0.69	0.68	0.66
2	0.71	0.67	0.63	0.68	0.65	0.62	0.66	0.63	0.61	0.64	0.61	0.60	0.58
3	0.63	0.59	0.55	0.62	0.57	0.54	0.59	0.56	0.53	0.58	0.54	0.53	0.50
4	0.57	0.51	0.47	0.55	0.50	0.46	0.52	0.49	0.46	0.52	0.48	0.45	0.44
5	0.51	0.45	0.40	0.49	0.44	0.40	0.48	0.43	0.40	0.46	0.42	0.39	0.38
6	0.45	0.39	0.34	0.44	0.39	0.35	0.43	0.38	0.34	0.42	0.37	0.34	0.33
7	0.41	0.34	0.31	0.40	0.34	0.30	0.38	0.34	0.30	0.38	0.33	0.30	0.28
8	0.36	0.30	0.26	0.35	0.30	0.26	0.34	0.29	0.26	0.33	0.30	0.26	0.24
9	0.32	0.26	0.22	0.32	0.26	0.22	0.31	0.26	0.22	0.30	0.25	0.22	0.21
10	0.29	0.24	0.20	0.29	0.23	0.19	0.28	0.23	0.19	0.27	0.22	0.19	0.18

表 2-1-4 中除空间的墙面反射比 r_w、地面反射比 r_d 外，还需要考虑灯具出光口以上的空间的综合反射能力 r_{cc}，该空间定义为顶棚空间，如图 2-1-31 所示，顶棚空间的总反射能力与天花面、周边墙面反射比和顶棚空间的空间比（Ceilging Cavity Ratio，CCR）有关，CCR 的计算方法与 RCR 相同，通过获得的 CCR 与顶棚空间天花面 r_c、墙面反射比 r_w，可以通过相关图表查阅顶棚空间的总反射比（图 2-1-35）。

获得了灯具与空间的各项条件因素，则可以方便地查阅利用系数 C_u。通过利用系数进行计算的方法，总的来说是以平均照度的定义公式 $E=\Phi/A$ 为基础的，假设需要求空间中被照表面（工作面）的照度值 E，基于利用系数 C_u 的定义，可得：

$$E = \frac{C_u \Phi_t}{A} \tag{2-1-21}$$

式中：E——被照表面照度值；

　　　Φ_t——灯具发出的总光通量；

　　　C_u——利用系数；

　　　A——目标被照表面（工作面/计算面）的面积。

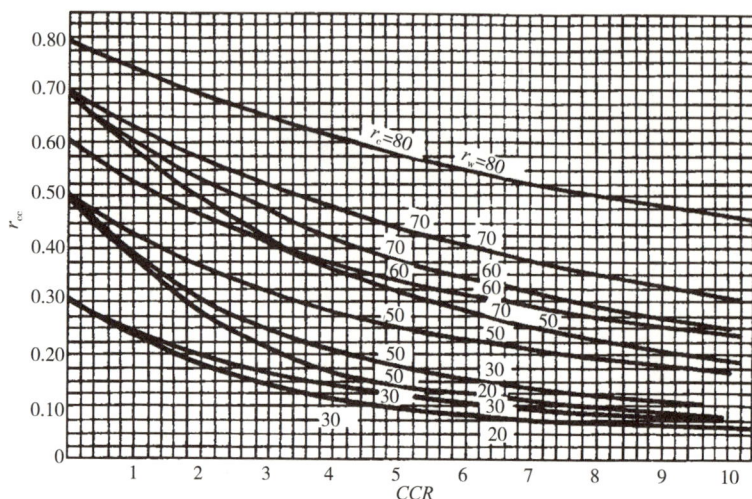

图 2-1-35　顶棚有效光反射比曲线图

又因空间中照明的灯具往往较多，对于同一类灯具来说，如果设单个灯具光通量为 Φ，灯具数量为 N，则可写为：

$$E = \frac{N\Phi C_u}{A} \qquad (2-1-22)$$

因空间环境的洁净程度差异，会导致照明器具随着时间的推移而遭受不同程度的污染，即灯具出射光通量存在减少的情况，因此在进行实际照明设计时，可适当提高初始照度，即用一个参数来表示特定环境条件下灯具出射光通量随时间推移的减少程度，这个参数就是维护系数 K，维护系数 K 一般通过查表获得，如表 2-1-5 所示。

表 2-1-5　维护系数表

环境污染特征		房间或场所举例	灯具最少擦拭次数（次/年）	维护系数值
室内	清洁	卧室、办公室、餐厅、阅览室、教室、病房、客房、仪器仪表装配间、电子元器件装配间、检验室等	2	0.80
	一般	商店营业厅、候车室、影剧院、机械加工车间、机械装配车间、体育馆等	2	0.70
	污染严重	厨房、锻工车间、铸工车间、水泥车间等	3	0.60
室外		雨棚、站台	2	0.65

考虑维护系数 K 的修正，可得式（2-1-23）：

$$E = \frac{N\Phi C_u K}{A} \qquad (2-1-23)$$

式中：E——目标被照面（工作面/计算面）平均照度值；

$\quad\quad\Phi$——单个灯具发出的光通量；

$\quad\quad N$——灯具的数量；

$\quad\quad C_u$——利用系数；

$\quad\quad K$——维护系数。

式（2-1-23）即利用系数法的计算公式，对于采用某一灯具的规则空间场所，已知灯具光通量、灯具数量，并通过空间条件查出维护系数 K 与利用系数 C_u，则可计算该空间目标被照面（工作面／计算表面）的平均照度 E。

在进行照明设计时，设计师往往会基于某一目标表面的照度值来推算所需要的灯具数量，即首先基于设计目标选定照度指标（一般照明设计相关标准规范中会推荐不同场所空间表面的维持平均照度），再基于设计选定的灯具光通量、空间场所参数来计算所需灯具数量 N，如式（2-1-24）所示：

$$N = \frac{EA}{\Phi C_u K} \qquad\qquad （2\text{-}1\text{-}24）$$

（二）配光曲线

配光曲线是灯具的重要光学参数，也是光强概念的实际运用，定义的核心在于"配光"的作用。

发光强度的定义是描述光通量在空间中不同方向的分布情况，所以灯具在空间中不同方向发光强度值的集合称为光强分布，也叫做该灯具的配光。

一般可采用配光曲线、空间等照度曲线、平面相对等照度曲线、光强分布表及函数等方式来表示灯具配光。把用曲线表示的某一平面上的光强分布称为配光曲线，其作用是描述灯具在立体空间内的不同方向上的光强分布，如图 2-1-36 所示。

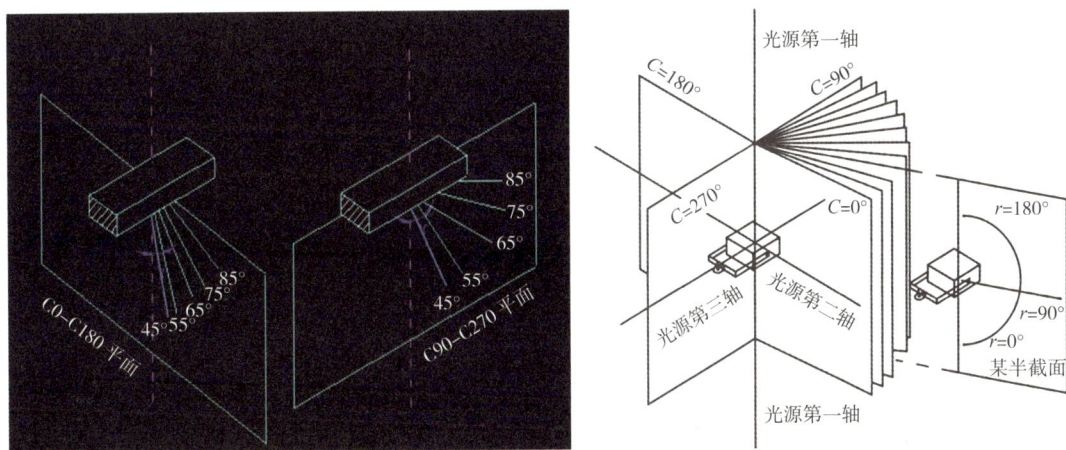

图 2-1-36　不同平面配光曲线定义

配光曲线其实是在极坐标平面中一系列不同方向的光强值（点）连成的曲线。配光曲线一般绘制在极坐标系中（某些特殊配光灯具的配光曲线采用直角坐标绘制）。发光强度为矢量，有大小、方向两个属性。极坐标用角度表示方向、用长度表示数值的特性，使其成为一般灯具配光曲线常用的坐标系统（图 2-1-37）。

图 2-1-37 为极坐标系统，平面内 O 点称为极点，可设定从 O 点出发向任意方向为 0°（图例为 OX 轴方向），在极坐标放置任意一点 N，可以直观地获知 N 点与 O 点的连线与 0°（OX 轴）方向的夹角 θ，在线段 NO 的长度 ρ 已知的情况下（可通过极坐标单位长度读出），则 N 点在坐标系中的位置就确定了。与直角坐标系横、纵坐标

确定一个点类似，极坐标用长度和角度来确定一个点，图 2-1-37 中 *N* 点的极坐标为（*ρ*，*θ*），其中 *ρ* 为该点到极点 *O* 的距离，称为 *N* 点的极径；*θ* 角为 *N* 点与极点 *O* 连线与 *OX* 极轴（0° 方向）的夹角，称为极角。

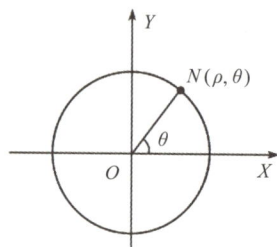

在极坐标中，极角（角度）可以定位光的方向，而该方向的光的强弱（光强值）则可以通过极径（距离）来表示。

为了更直观地理解配光曲线的定义，基于发光强度的定义内容，把"光线"与"头发"类比，即把光假设为"实体"，按照配光曲线的定义，用不同截面剖切某灯具发出的光，则会得到不同的"光"实体的剖面图，如图 2-1-38 所示。

图 2-1-37 极坐标示意图

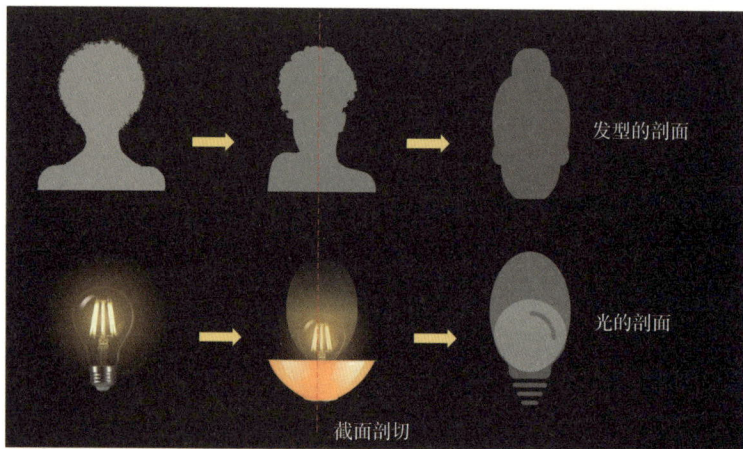

图 2-1-38 发型剖面类比光剖面示意

若把图 2-1-38 中灯具光实体的剖面图绘制在极坐标中，灯具中心位于极坐标极点，则可以得到如图 2-1-39 所示曲线，这就是灯具向空间中发出的光在该截面上的配光曲线，对于所有灯具来说，可以从过中心点的任意截面进行剖切来表示该截面的光分布情况（光强）。

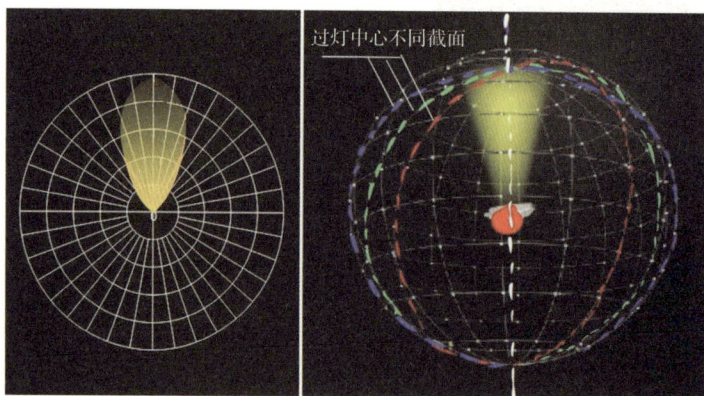

图 2-1-39 光看作"实体"的剖面图绘制于极坐标中

配光曲线上的任意一点的值（极径、极角）表示了灯具在该方向（极角）上的发光强度值（极径），前述对平方反比定律求点照度的计算应用，即可通过配光曲线查阅任意方向（任意极角α）的发光强度 I_a，再利用式（2-1-10）计算出点照度。

由于灯具种类较多，一般会根据其配光（光强分布）类别的差异，选择采用一个或若干个截面表达该灯具的配光。

1. 旋转对称（轴向对称）配光曲线

旋转对称配光即基于某一个平面的配光曲线旋转后可以得到灯具在空间的完整光强分布形态，如图 2-1-40 所示。

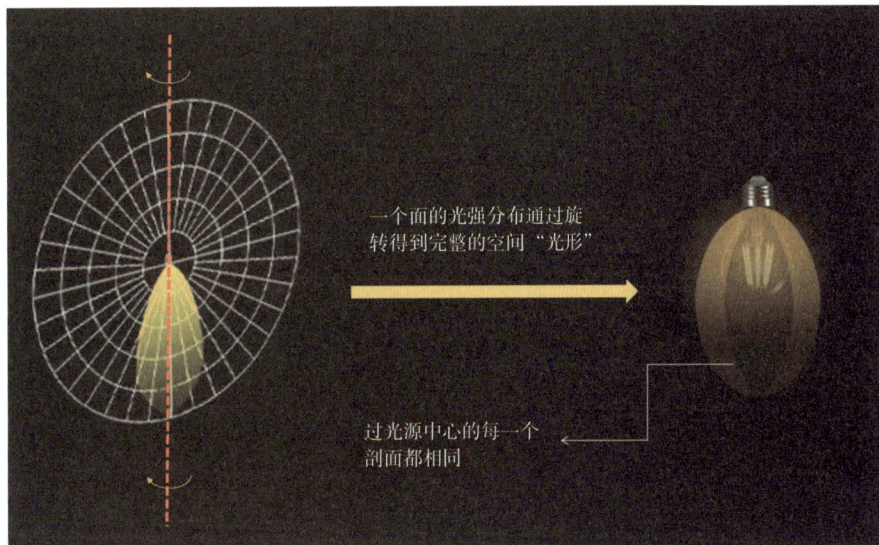

一个面的光强分布通过旋转得到完整的空间"光形"

过光源中心的每一个剖面都相同

图 2-1-40　旋转对称配光示意

旋转对称配光型过灯具中心的所有截面配光曲线图是相同的，若把光线看作实体，即通过截面的配光曲线绕灯具的轴线旋转可构成灯具的"完整光形"，所以旋转对称也叫轴向对称，常见旋转对称型配光灯具包括常规筒灯、工矿灯等，如图 2-1-41 所示。

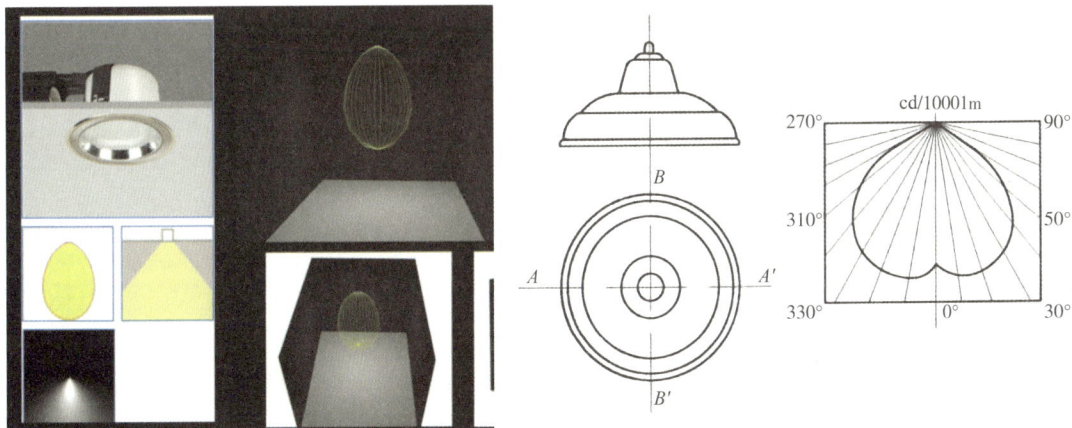

图 2-1-41　旋转对称配光灯具示意

2. 对称配光曲线

对称配光指有对称轴线或至少有一个对称面的光强分布，即虽不是每个截面的光强分布都完全相同，但其中至少有一个面存在对称的光型，通常对称配光型灯具在两个沿旋转轴相互垂直截面上有对称的光强分布（一般用 C0°-180°、C90°-270° 两个面表示），通常会把两条配光曲线画在同一个极坐标上，用不同的线条颜色或线性加以区分，如图 2-1-42 所示。

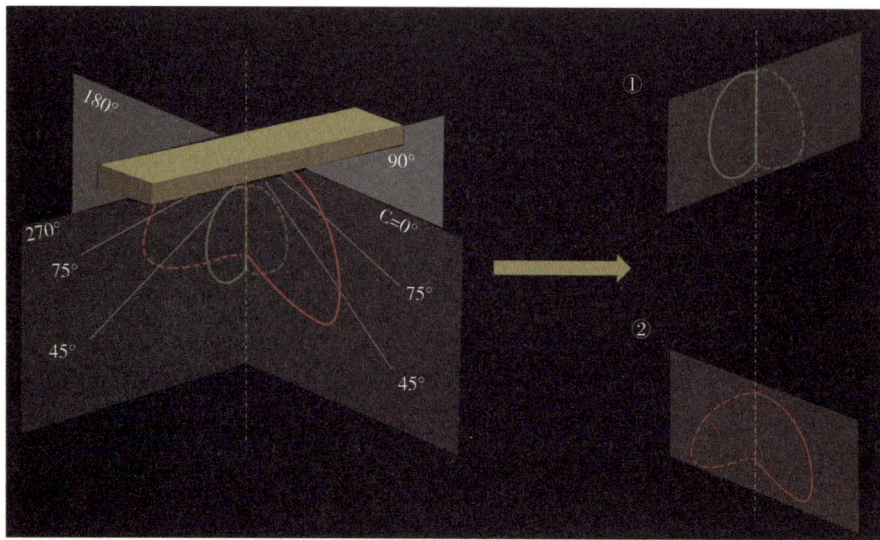

图 2-1-42 对称配光示意

常见对称型配光灯具如支架灯、灯盘等，如图 2-1-43 所示，其空间光分布形态可以用两个相互垂直的截面来描述。

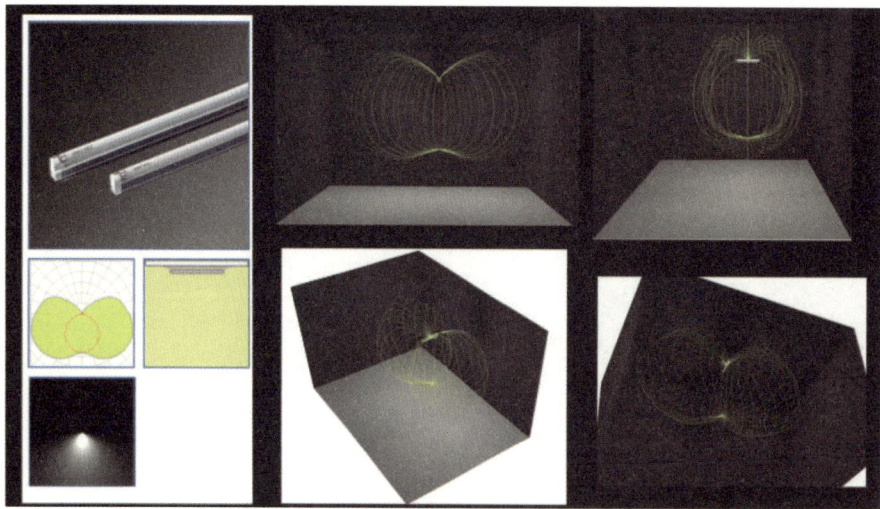

图 2-1-43 对称配光灯具示意

3. 非对称配光曲线

除旋转对称、对称外的其他形态光强分布称为非对称配光，即通过光源中心任意的截面都没有对称光强分布的情况，如图 2-1-44 所示。

常见非对称型配光灯具如路灯、特殊偏光射灯等，如图 2-1-45 所示，虽然过光中心的任意界面配光曲线均不对称，一般仍采用 C0°-180°、C90°-270° 两个截面配光曲线来描述其空间光强分布形态。

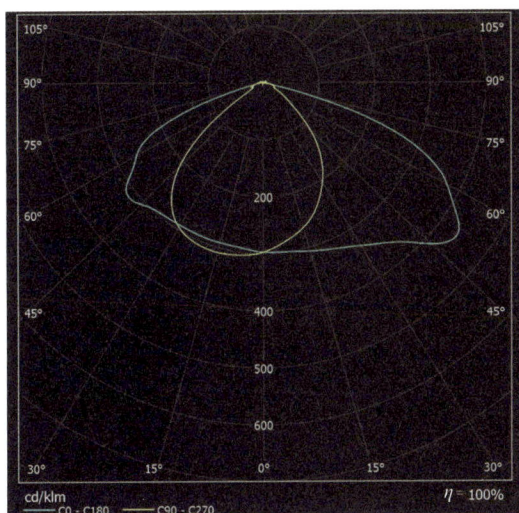

图 2-1-44 非对称配光示意 1

图 2-1-45 非对称配光示意 2

4. 直角坐标配光曲线

除采用极坐标外，配光曲线还有直角坐标的表现形式，如图 2-1-46 所示。

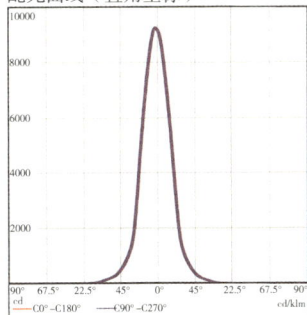

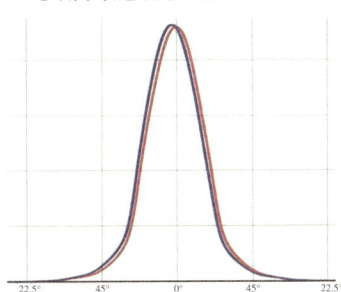

图 2-1-46 直角坐标配光曲线图

在直角坐标配光曲线图中，横坐标为光的方向（角度），纵坐标为不同方向对应的光强值。直角坐标配光曲线更适合于投射类灯具，特别是一些窄配光型，即在某一个方向有较为集中的光强分布（该方向光强值比其他方向大很多），相对于极坐标来说，直角坐标可以更加方便地表达此类灯具的光强分布情况。

5. 配光曲线的识读

配光曲线是灯具最重要的参数之一，基于配光曲线可获取重要的灯具光度参数信息。配光曲线并非人工绘制，而是利用不同类别的分布光度仪器对不同截面和角度的光强数据进行测量后生成的。随着照明设计应用软件的发展，在计算机辅助照明设计过程中，不同软件对配光曲线的数据的调用需要有兼容的标准化的文件格式，虽然不同国家和地区选择的配光曲线数据文件格式有所差异，但使用最广泛的主要有"*.ies""*.cie""*.Ldt"为后缀名的文件格式。

无论采用何种配光曲线电子文件格式，基本都包含诸如制造商信息、灯具型号编码、灯具尺寸、功率、光源数量及光通量等信息，当然最重要的还是各方向的光强数据，配光曲线数据的标准格式见本书电子配套资源。

图 2-1-47 为常见极坐标配光曲线，因其只有一条对称曲线则判断为旋转对称型配光灯具，可直接读出曲线上任意一个方向的数值，如30°方向（点 M）数值为 300，40°方向（点 N）数值为 200，但这些直接读出的值并不是真实的绝对光强值，而是一个相对值。配光曲线中一般会标注绝对光强的转换关系，即图 2-1-47 中的 cd/1000 lm（也常表示为 cd/k lm），该符号的意思是灯具发出的总光通量中，每 1000 流明发出 1 坎德拉的光强，所以真实的绝对光强值应为：

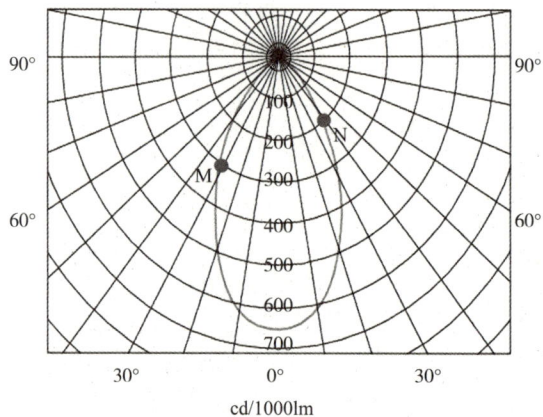

图 2-1-47 极坐标配光曲线图

$$I_t = I_r \times \frac{\Phi}{1000} \qquad (2\text{-}1\text{-}25)$$

式中：I_r——灯具在某方向光强相对值读数；

I_t——灯具在某方向光强真实值；

Φ——灯具的总光通量。

配光曲线为什么不直接读取光强的绝对值呢？图 2-1-48 为某型号灯具的产品手册，可知同系列灯具的配光曲线型是相同的，可理解为采用了相同的反光罩、透镜等配光结构件，区别就在于因功率的不同导致总光通量的差异，所以配光曲线的光强读数采用了相对值，并通过总光通量进行修正，通俗地理解就是灯具总光通量越大，读出的光强值就越大。

例如，通过图 2-1-48 所示配光曲线可读出 0°方向光强值约为 1300，此时的读数为光强相对值。如要读取该系列三种功率灯具 0°方向光强绝对值，则根据不同灯具光通量分别为 540 lm、756 lm、975 lm，通过式（2-1-25）进行换算，可得出 7 W、10 W、13 W 三种功率灯具的 0°方向光强绝对值分别 702 cd、983 cd、1268 cd。基于光通量对光强读数的转化也体现在配光曲线标准文件数据中，其中"灯具信息部分"的"光强乘数因子"也是基于光通量的光强转化系数。

光束角是直观描述灯具光分布的重要参数，其定义为配光曲线上发光强度值通常

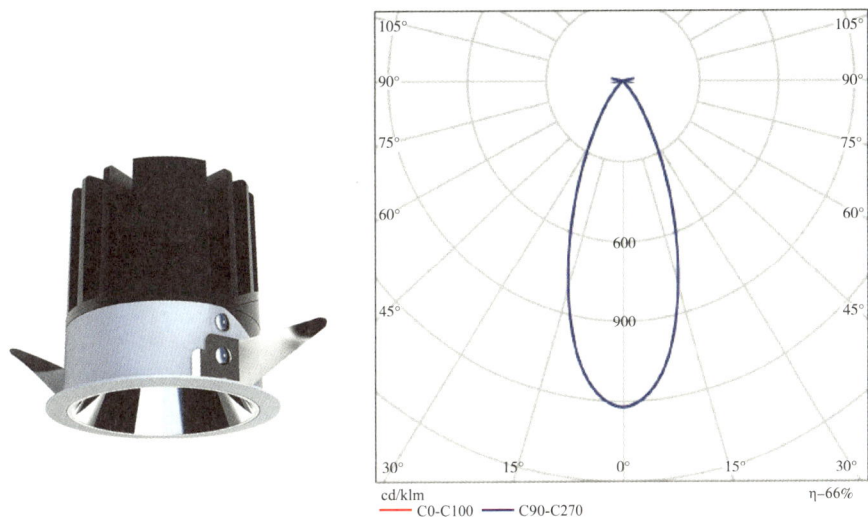

某灯具品牌系列筒灯					
编号	灯具型号	灯具整体功率	灯具输出光通量	光束角	色温
1	RD1L31-07E-330GWT	7W	540 lm	36°	3000K
2	RD1L31-10E-330GWT	10W	756 lm	36°	3000K
3	RD1L31-13E-330GWT	13W	975 lm	36°	3000K

图 2-1-48　某灯具品牌配光曲线图

等于 10% 或 50% 的最大发光强度值的两矢径间所夹的角度，一般来说 CIE（欧洲）规定按照 50% 取值，IES（北美）规定按照 10% 取值。利用配光曲线可以方便地读出灯具的光束角大小（图 2-1-49）。

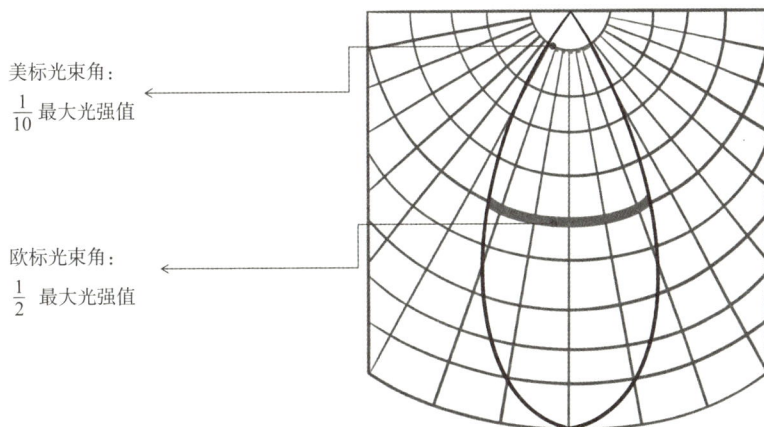

美标光束角：
$\frac{1}{10}$ 最大光强值

欧标光束角：
$\frac{1}{2}$ 最大光强值

图 2-1-49　北美标光束角和欧洲标光束角

　　如图 2-1-49 所示，首先读取配光曲线上光强最大值为 0° 方向的点，然后再基于不同的标准寻找最大值 50% 的点或 10% 的点，该点与极心的连线即光束角定义中的矢径，两矢径之间的夹角即为该曲线的光束角，图 2-1-49 中按北美标准光束角约为

60°，按欧洲标准光束角则约为 46°，国内定义光束角常采用欧洲标准。

第二节 色度学

一、光色的知识

从某种意义上说，人之所以能够看到五彩斑斓的世界，还是因为光赋予了世间万物以色彩，艺术离不开色彩，艺术照明设计更离不开对光色属性的研究。

（一）人眼的色彩感知

早在 17 世纪，牛顿用三棱镜把阳光分成了人眼可识别的七种色彩，两百年后的麦克斯韦（James Clerk Maxwell）把光描述成电磁波，并揭示了不同波长光的色彩差异；同时期的托马斯·杨和赫姆霍兹（Helmholtz）提出了人眼感知色彩的三色学说，即认为人眼存在三种色彩的接收器，对颜色的感知是三种接收器响应的合成，三色学的提出解释了颜色的混合现象，生理学方面证实了人眼存在对红、绿、蓝光敏感的三种锥状细胞，其光谱敏感峰值范围分别为 564~580nm、534~545nm 及 420~440nm（图 2-2-1），由于分别对应长、中及短波长，因此也把三种锥状细胞称作 L（红光敏感）、M（绿光敏感）及 S（蓝光敏感）。以三色理论为基础的颜色匹配理论和方法，也成为了经典色度学建立的基础。

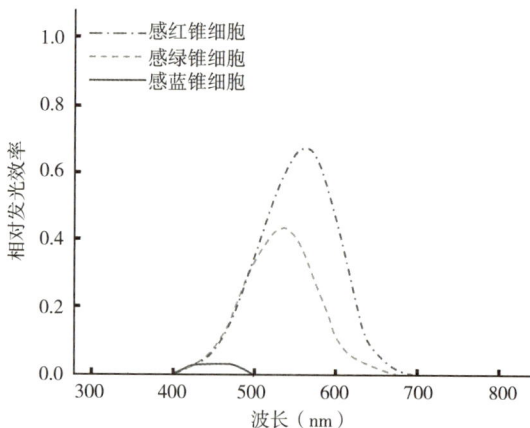

图 2-2-1 三种锥状细胞光谱敏感峰值图

人眼对色彩感知的三色学说并不能很好地说明色盲、色彩对比及后像等情况，于此，德国科学家赫林（Ewald Hering）提出了对立色学说（四色学说），认为人眼中存在三对感知颜色的视素，分别是"白与黑"（亮与暗）、"红与绿"及"黄与蓝"，每对视素中的感知相互对立，在"破坏"和"重建"中相互转换（称为拮抗或颉颃作用）。如光刺激破坏"白与黑"视素，引起白色感觉，撤去光刺激后视素重建，则引起黑色感觉；同理，"红与绿"视素中红光起破坏作用，绿光起重建作用，"黄与蓝"视素中黄光起破坏作用，蓝光起重建作用，四色拮抗理论很好地解释了视觉缺陷中红—绿、黄—蓝色盲以及颜色负后像呈现原刺激色的补色等现象。

由于三色学说及对立色学说都不能单独完全说明和解释视觉色彩感知中存在的现象和问题。19 世纪末，冯·克利斯（Fon Chris）首先提出了人眼感知色彩的阶段学说。阶段学说承认三色及对立学说的存在，认为二者只是视觉色彩感知的不同阶段，光色进入人眼，最开始是由视网膜中 L、M 及 S 三种锥状细胞进行感应，即在感应阶段符合三色学说；从锥状细胞向大脑皮层视区传导信息时，按照"白与黑""红与绿"及"黄与蓝"三种拮抗形式传递，即在连接锥状细胞响应到大脑之间的神经传递阶段符合对立学说。

如图 2-2-2 所示，色彩刺激进入人眼，分别被 L（红）、M（绿）及 S（蓝）三种锥状细胞感知为三种颜色刺激信号；在锥体细胞向大脑传递的阶段，则经过颜色的对立拮抗处理，通俗地说就是各刺激信号以相加或相减的方式重新组合。图 2-2-2 中，感知黑与白的传递通道接收来自三种锥体细胞信号的总和，感知红与绿的传递通道接收来自 L（红）与 M（绿）锥体细胞信号的差值，感知黄与蓝的传递通道接收来自 L（红）与 M（绿）的信号总和（红光 + 绿光 = 黄光）与 S（蓝）信号的差值，这些通道的差值信号最后传递到大脑，产生颜色感觉。

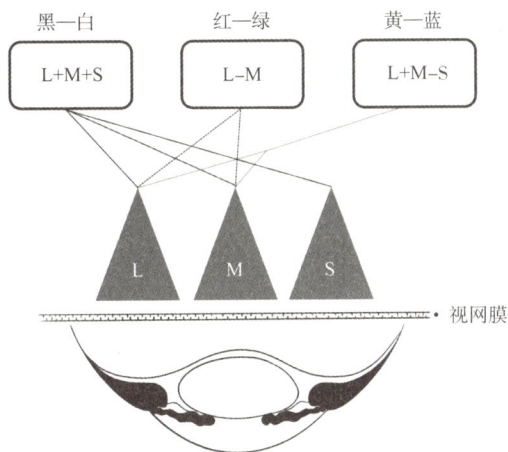

图 2-2-2 颜色的视觉处理过程

（二）光源色与物体色

1. 定义

人眼对色彩的感知是由不同波长的光引起的刺激，在现实生活中若按照光产生的来源，可以把颜色分为物体色与光源色两种类别。

光源色的定义为由光源发出的色刺激。通俗地说就是现实生活中能够自发光的光源发出的光对人眼产生的刺激，如图 2-2-3 所示。

除理想化的单波长光源外，生活中常见光源一般为复色光源，这些光源中不同波长的单色光由于辐射能量的占比不同，混合后就会引起不同的颜色感觉。

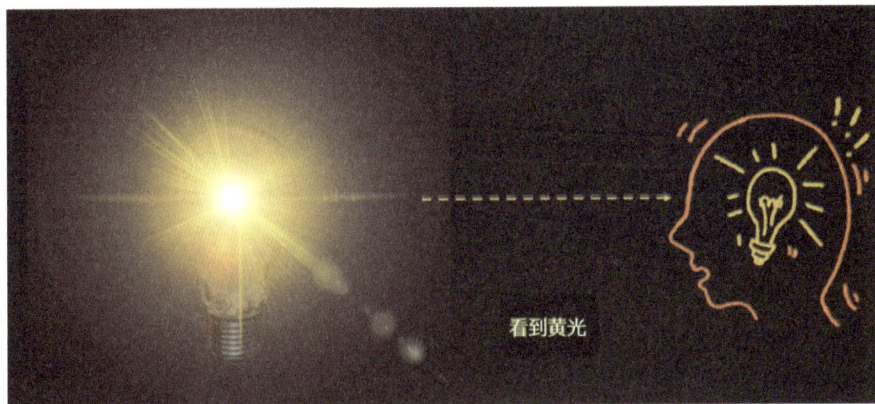

看到黄光

图 2-2-3 光源色定义

物体色即被感知为某一物体所具有的颜色，即人眼通过眼睛视看判断某个物体的颜色。大部分物体都是通过其表面表现颜色，称为表面色，定义为由漫反射表面或由此表面发射的光所呈现的知觉色。之所以强调"漫射表面"，是因为生活中我们观察物体的色彩，均是以该物体的漫射条件作为基础的，如欣赏画作、观察景物等，但如果该表面呈现出了非漫反射甚至镜面反射的特点，即朝向人眼方向可能存在较为集中的出射光，那么该表面则可看作一种"发光光源"的特征，则应归类为光源色的定义范畴，如图 2-2-4 所示。

物体的表面色从某种意义上来说仍然是通过反射光进入人眼感知色彩，而不同的材料表面之所以能够引起对应的颜色，是因为这种颜色的材料能够反射引起这种颜色感觉的光，如图 2-2-5 所示。

图 2-2-4 由画作表面玻璃形成反射光

图 2-2-5 中，香蕉表面反射阳光中的黄光，黄光进入人眼引起黄色的色彩感觉颜色，所以人才会感知香蕉是黄色，也就是说香蕉表面具有"反射黄色光的特性"，即不同颜色的物体表面的光谱反射率不同，我们才能看到丰富的颜色。

值得注意的是，生活中不仅都是反光材料，也有透光材料，如图 2-2-6 所示。

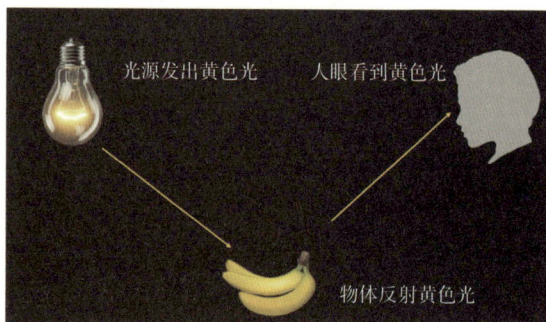

图 2-2-5 人眼感知表面色的过程

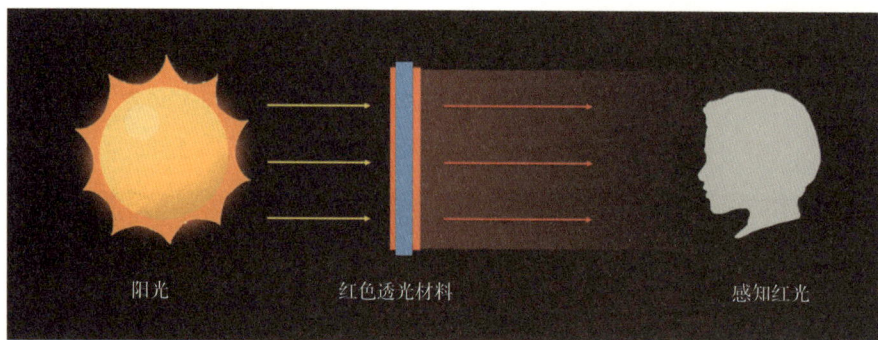

图 2-2-6 透光材料透射不同颜色（波长）的光

图 2-2-6 中，光透过红色透明材料，其他光被吸收而透过红光，如果物体不是自发光，而是通过对光的透射而表现出的颜色则定义为透明色，也属于物体色的范畴，但在实践中如果把透射材料看作灯具的一部分（透光罩），则可归类为光源色。

2. 三原色

色度学颜色视觉实验确定任何颜色的光均能以不超过三种纯光谱波长的光来正确模拟，通过可见光谱中波长 700nm 的红光（Red）、波长 546.1nm 的绿光（Green）与波长 435.8nm 的蓝光（Blue）三种光色（RGB）可以获得自然界中所有的复合色，这三种单色光中的任意一种光均不能被其他两种光通过混合复现，可理解为其中任意一色都不能被分解，所以这三种光色被称为光的三原色（图 2-2-7）。

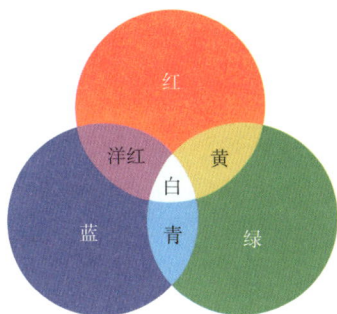

图 2-2-7　光的三原色

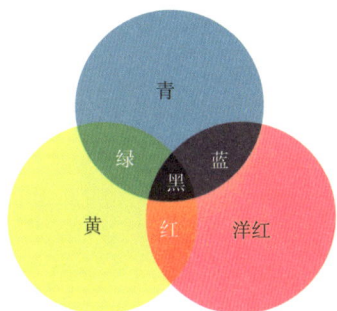

图 2-2-8　颜料的三原色

大众认知较为广泛的物体表面色的原色，即颜料三原色为"红、黄、蓝"，如果更加准确地定义色彩，所谓的"红、黄、蓝"实为"品红 / 洋红（Megenta）、黄（Yellow）和青（Cyan）"三色，因颜料三原色等比混合后为黑色（black），所以，颜料三原色 C、M、Y 加上黑色油墨色 K（为区别于蓝色 B 取 K 字母），CMYK 即常见的涂料、印刷品制作中的四色模式（图 2-2-8）。

3. 加色法与减色法

光色的混合遵循加色法，所以 RGB 也称为加色法的三原色。我们可以从光的性质去理解加色法，因为任何的光都可以产生不同程度的明亮感觉，不同色光的叠加混合总的趋势应是越来越亮的，光的三原色混合在一起获得了更亮的白光，即加色法是"光的正向累积"，所以加色法混合光的总亮度等于组成该混合光的各色光亮度总和。

如图 2-2-7 所示，光的三原色 RGB 中每相邻二色都可以混合出新的光色，而二原色混合出的新光色与剩下的一个原色混合可以获得白光，通常把能混合出白光的两种光色称为互补光色，如 R+G 混合出黄光 Y，B 与 Y 为互补光色；同理，品红 M（R+B）与 G、青色 C（B+G）与 R 为互补光色。可见光谱的光色中，任意两个非互补光色混合都可以获得此两种光色中间的混合光色，混合光色的色调取决于各光色混合比例，更接近比例大的光色；混合光色的饱和度取决于两种混合光色的波长差异，即在人眼可识别的红、橙、黄、绿、青、蓝、紫色光谱上的距离，距离越近（波长差异越小），则饱和度相对越大，反之亦然。

生活中的光源发出的光基本都是复色光，不管其成分如何，只要视觉上感知颜色相同，则混合就会呈现相同视觉感知的光色，比如有 1~4 号复色光且成分各不相同，但人眼感知 1 号与 2 号为同一种光色，3 号与 4 号为同一种光色，则有 1 号 +3 号 =2 号 +4 号 =1 号 +4 号 =2 号 +3 号，这就是光色混合的加色定律，常称为格拉斯曼定律。

物体表面色的混合遵循减色法，基于表面色的定义可知，物体所呈现的色彩实际是其表面对光的选择性反射，图 2-2-9 表示人眼感知物体表面色的过程。

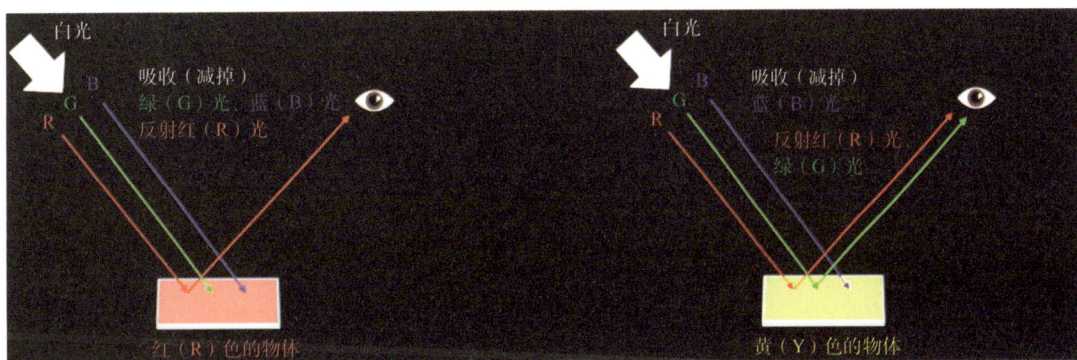

图 2-2-9　人眼感知物体表面色的过程

图 2-2-9 中，表面色为红色（R）和黄色（Y）的物体需要被眼睛感知，前提是人首先需要"看到"两个物体，而能够"看到"的前提是要有光。假设二者均在 RGB 合成白光照射的环境条件下，红色（R）物体对入射到表面的 RGB 白光进行了选择性反射，即吸收（减掉）了 RGB 白光中的绿光（G）和蓝光（B）而反射红光（R），所以实际为红光（R）进入眼睛，人感知该物体为红色；已知光的三原色中红光（R）与绿光（G）混合为黄光（Y），图 2-2-9 中的黄色物体（Y）同样对 RGB 白光进行选择性反射，即吸收（减掉）了 RGB 白光中的蓝光（B）而反射红光（R）和绿光（G）进入人眼，所以人眼感知该物体为黄色（Y=R+G）。

所以，物体表面色（颜料色）其实仍然与光色有关，只是不同的颜料对光有不同的吸收、反射能力，也可理解为表面色不同则对不同光色的"减光性能"不同，常用物体颜色的反射光谱来描述，图 2-2-10 表示了不同表面色物体的反射光谱。

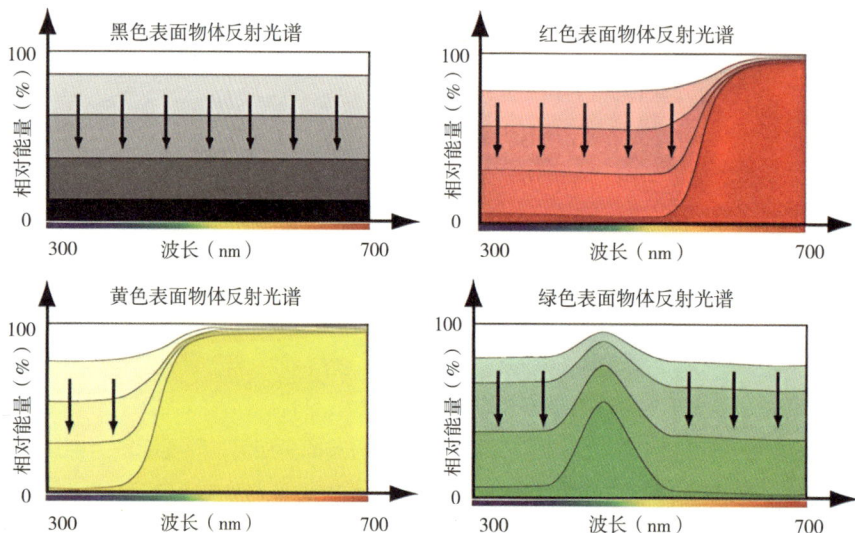

图 2-2-10　不同表面色物体的反射光谱

正因为各种物体表面色具备减掉某一种成分色光的特性，假设把所有表面色（颜料）相互混合，可理解为每一种颜料减掉某种色光，当所有颜料混在一起的时候，即减掉了入射光的全部色光成分，等同于完全没有任何色光反射，所以物体表面呈现出黑色，这就是为什么颜料三原色混合为黑色的原因。

光色三原色 RGB 与颜料三原色 CMY 的差异同样可以用二者的混合规律解释。

如图 2-2-11 所示，两物体表面分别为红色（R）与颜料三原色中的品红（M），在混合白光的照射下，根据颜料的减色混合原理，红色（R）物体减掉白光（RGB）中的绿（G）光与蓝（B）光而反射红（R）光；因光色三原色中红（R）光与蓝（B）光混合获得品红色（M）光，所以品红（M）色物体减掉白光（RGB）中的绿（G）光而反射红（R）光与蓝（B）光。

因此，可以理解为红（R）色物体比品红（M）色物体吸收（减掉）了更多的单色

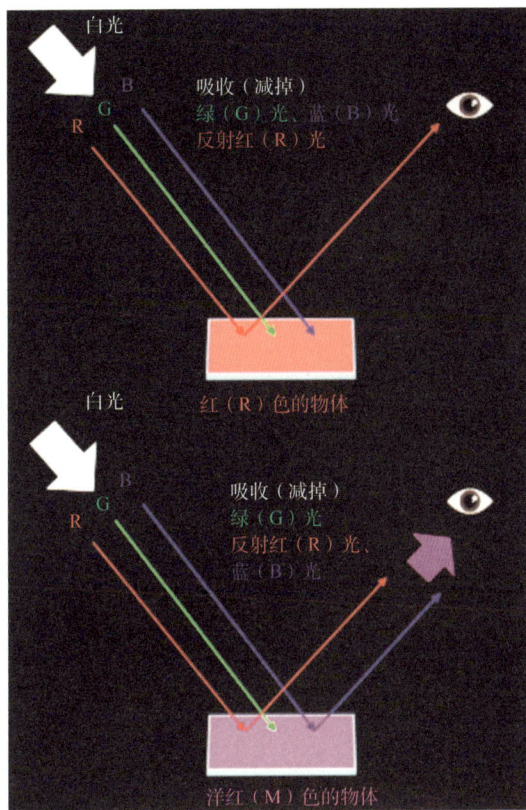

图 2-2-11　光色三原色红与颜料三原色红（洋红）反射白光特性

光种类，在印刷、染料应用领域，为了使得反射出来的光更丰富（减光种类最少），则需要控制红（R）、绿（G）、蓝（B）三种减光多的颜色，而采用其补色青（C）、品红（M）和黄（Y）作为颜料的三原色。

二、基本色度学知识

（一）色彩的度量

虽然可以从人的视觉感知直接对色彩进行命名，但为了精确地、定量地表示颜色，则需要通过恰当的度量系统把物理刺激与颜色知觉关联起来，即色度学的主要内容——度量颜色。

色度学是以格拉斯曼定律为基础，采用科学的视觉色彩匹配实验建立起来的，通过确立人对颜色的主观感受与不同光色混合数量的关系以获得定量表示颜色的方法称为表色系统或色度系统，即使用规定的符号按照一定的原则和定义来表示颜色的系统。色度系统主要包含两种，第一种是对颜色的直接评价，即把人对色彩主观感觉的评价转化为不同属性的数值，以孟塞尔色度系统为代表；第二种基于三基色色彩匹配实验的颜色量化系统，以国际照明委员会（CIE）1931 标准色度系统为代表。

1. 孟塞尔色度系统

该系统是 20 世纪初由美国色彩学家阿尔伯特·孟塞尔（Albert Henry Munsell）创建的。孟塞尔首先创造了孟塞尔色环，他在牛顿七色环的基础上，选取了红（R）、黄（Y）、绿（G）、蓝（B）、紫（P）五种典型色，并在其中插入五种过渡颜色黄红（YR）、黄绿（GY）、蓝绿（BG）、蓝紫（PB）、红紫（RP），十种颜色共同构成了孟塞尔色环的基本色相，且每一种基本色相再进一步拆分为十种颜色，并分别赋予 1～10 的标号，如图 2-2-12 所示。

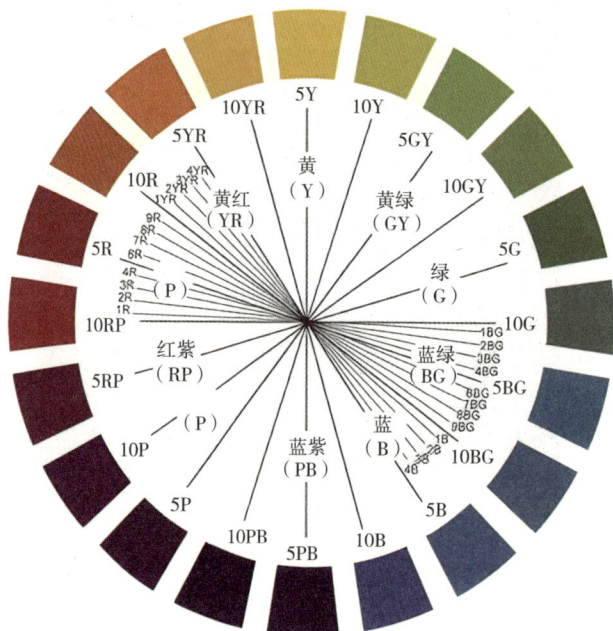

图 2-2-12　孟塞尔色度图

孟塞尔色环并不是简单的颜色排列，而是把邻近色和互补色直观地表达了出来，但色环并没有考虑颜色的明度属性，于此，孟塞尔在其色环中加入了明度属性，形成了色相 / 色调（Hue）、饱和度 / 彩度（Saturation 或 Chroma）及明度（Value、Intensity 或 Luminance）三个维度的色彩立体模型，如图 2-2-13 所示。

由图 2-2-13 可看出，基于孟塞尔色温进行了色相分类，中央轴为明度属性，越往上方明度越高；在同一明度水平上，颜色距离中央轴的距离表示饱和度的变化，距离越远，饱和度越高，不同颜色可以实现的最大饱和度不一样，最高可以达到 20 的饱和度，见图 2-2-13 立体模型所示，中央轴上饱和度为 0，可看出中央轴均是无彩色系列。

用孟塞尔色度系统来表示任意颜色时，只需写出其三个属性的数值即可，即色相 H、明度 V 和饱和度 C，如图 2-2-13 中虚线框内的色彩孟塞尔标号为：5R5/8；位于中央轴上的颜色为无彩色，缺少色相、饱和度属性，则只用写出明度值 V，格式为"NV/　"，即字母 N 后面写出明度值，并以斜线加空白结尾。

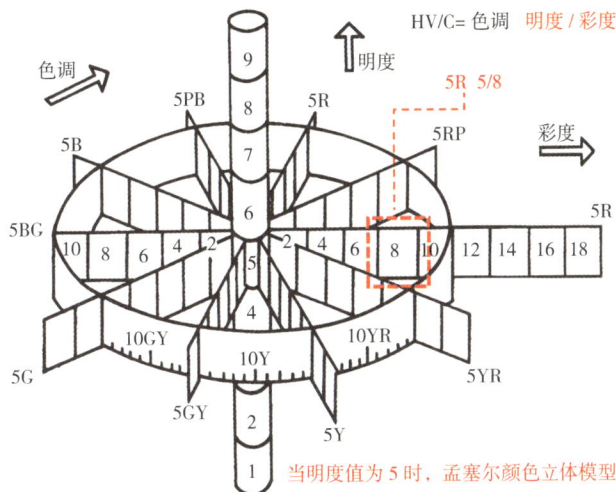

HV/C= 色调 明度 / 彩度

色调

明度

5R 5/8

彩度

当明度值为 5 时，孟塞尔颜色立体模型

孟塞尔颜色系统

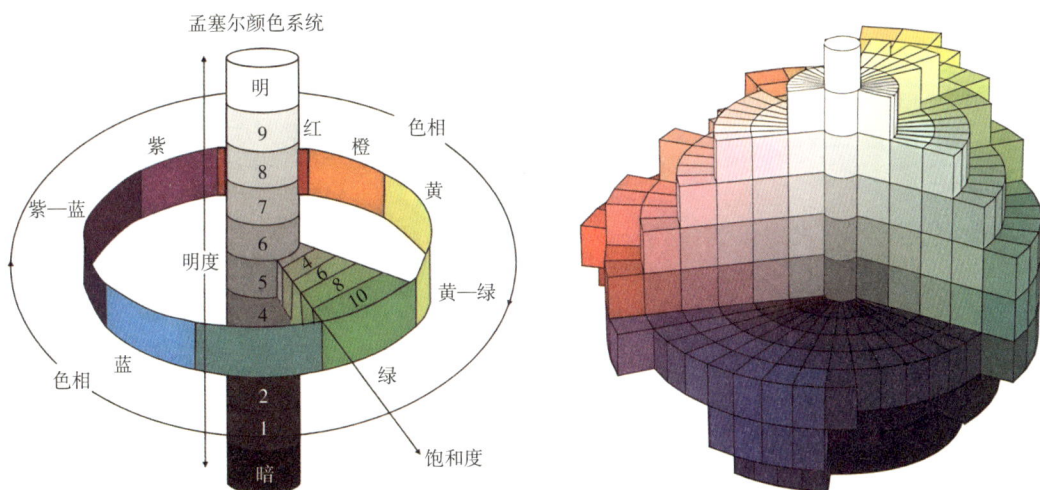

图 2-2-13 孟塞尔色度系统

　　孟塞尔色度系统因为其准确性和便捷性受到学术界的认可，被广泛运用于颜料、印刷等领域。1943 年美国光学协会对孟塞尔系统进行了修订，解决了视觉等距等问题，提升了系统的准确性。

　　在色彩模型的实际运用中，还有 HSI、HSL、HSV、HSB 等称谓，其中 HSI（Hue、Saturation、Intensity）与 HSL（Hue、Saturation、Lightness）都是基于孟塞尔色度模型的应用；而 HSV（Hue、Saturation、Value）与 HSB（Hue、Saturation、brightness）色度模型与孟塞尔模型有略微区别，主要体现在亮度 / 明度的取值上，HSV（HSB）模型的亮度最大值 1 的取值处对应 HSI（HSL）模型（孟塞尔双锥模型）明度值的一半，相对来说，HSI（HSL）模型在颜色饱和度降低时会变化到等明度的灰色，而在 HSV（HSB）中则随着饱和度的降低而变化到白色，这与人的视觉特征存在差异，所以 HSV（HSB）常用于计算机图形设计，如图 2-2-14 所示。

HSI 模型

HSV 模型

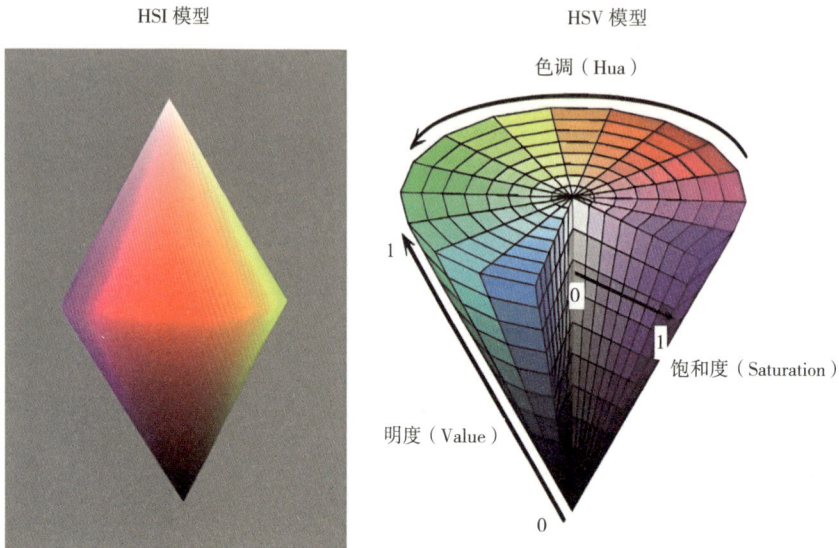

图 2-2-14　HSI 模型图和 HSV 模型图

2. CIE　1931 标准色度系统

该色度系统是基于颜色匹配实验获得数据建立的，如图 2-2-15 所示。

实验原理主要是通过混光来匹配目标光，所以光的三原色 RGB 可以混合出所有可见光是实验前提。将任意一种需要匹配定量的单色光放在挡板一侧投向白屏，挡板另一侧则是三原色混光投射，人眼同时观看挡板两侧，通过不断调整三原色的各自强度，直到人眼感觉两侧颜色完全相同，此时的三原色 RGB 的强度比例，就称为该目标单色光的光谱三刺激值或颜色匹配函数（Color Matching Function，CMF），如图 2-2-16 所示。

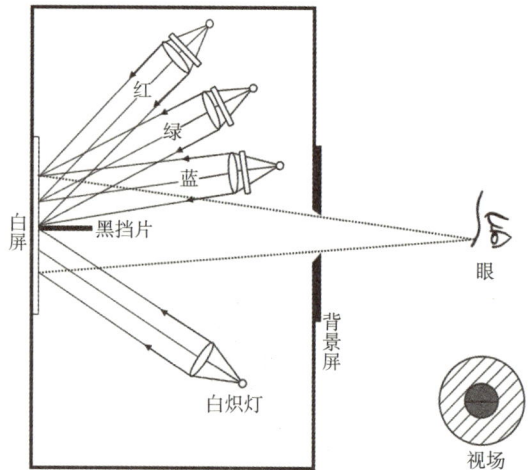

图 2-2-15　颜色匹配实验

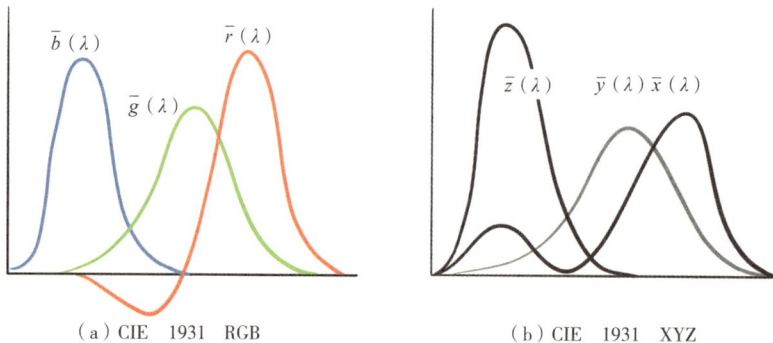

（a）CIE　1931　RGB　　　　（b）CIE　1931　XYZ

图 2-2-16　CIE　1931 标准色度观察者光谱三刺激值

从图 2-2-16（a）中可看出，横坐标表示波长，纵坐标表示匹配目标单色光需要的三原色的强度，可以看到在红光 R 的匹配曲线上出现了负值，表明如果要匹配此波段的光色，混合颜色需要采用红色的补色才能实现匹配。由于 CIE　1931　RGB 色度系统中的负值不便于理解和运用，国际照明委员会在 1931 年采用了一种新的颜色系统即 CIE　1931　XYZ，该系统采用了假想的 X、Y 和 Z 三种原色，并规定：

（1）进行光色匹配时，X、Y、Z 三种假想色都不为负。

（2）三刺激值中的 Y 表示人眼对亮度的响应。

XYZ 可以和 RGB 进行相互转换，XYZ 三原色对应的颜色匹配函数如图 2-2-16（b）所示，无论是 RGB 或 XYZ 系统，基于三原色的匹配函数，都可以计算出任意波长光源的三刺激值。

CIE　1931　XYZ 色度系统是基于光的三刺激值定量颜色，但由于 XYZ 三刺激值计算较为复杂，CIE 又推出了 CIE　1931　Yxy，该系统不直接采用三刺激值强度来表示颜色，而是采用颜色的色品坐标 x、y、z 来表示。色品坐标定义为每个三刺激值与其总和之比，在 CIE　1931　Yxy 色度系统中，对应的色品坐标 x、y、z 之和恒为 1，且分别为：

$$x = \frac{X}{X+Y+Z} \qquad\qquad [\,2\text{-}2\text{-}1（a）\,]$$

$$y = \frac{Y}{X+Y+Z} \qquad\qquad [\,2\text{-}2\text{-}1（b）\,]$$

$$z = \frac{Z}{X+Y+Z} \qquad\qquad [\,2\text{-}2\text{-}1（c）\,]$$

色品坐标相对三色刺激值来说使用更加简便，Yxy 色空间可看出其实是 CIE　1931 XYZ 色度系统通过数学转化导出的，色品坐标 x、y、z 与 X、Y、Z 三刺激值所占光辐射总能量的比例有关，因 x+y+z=1，所以 CIE　1931　Yxy 系统一般只用 x、y 来描述颜色，用 Y 表示亮度信息（图 2-2-17）。

图 2-2-17 称为 CIE　1931 标准色度系统色品图，图中可直观地看出 x 值其实是 X 刺激值的辐射能量相对占比，与三原色中的红（R）相关；同样 y 值与三原色中的绿（G）相关；z 与三原色中的蓝（B）相关，其中用 xy 坐标表示的每一个点都表示某一匹配的颜色，马蹄形图形的外围轨迹表示了可见光谱上不同波长的单色光，数字为波长，这些单色光的饱和度（纯度）是最高的，其他颜色坐标越靠近外围轨迹则饱和度也相对更高；中央的点为白点，相对饱和度最低，色品坐标为（0.33，0.33），自然界中所有的颜色都可以用马蹄形曲线范围内的色品坐标表示，其中任意一点与白点以直线相连延长至光谱轨迹的交点，就是该点的色调。CIE　1931 标准色度系统也是目前照明设计应用中，定量描述灯具颜色品质的重要参数之一。

随着色度学研究应用的发展，CIE 及其他研究机构还推出了更多色度系统，如解决更大视场范围的 CIE　1964 补充色度系统、CIE　LUV 及 CIE　LAB 均匀色空间等，本书不做赘述。

（二）色容差

CIE　1931 标准色度系统色品图的马蹄形图像包含了所有可见光色，当色品坐标的点相对比较近的时候，很难分辨出两个点的颜色差异，即人眼只能在色品图中大致

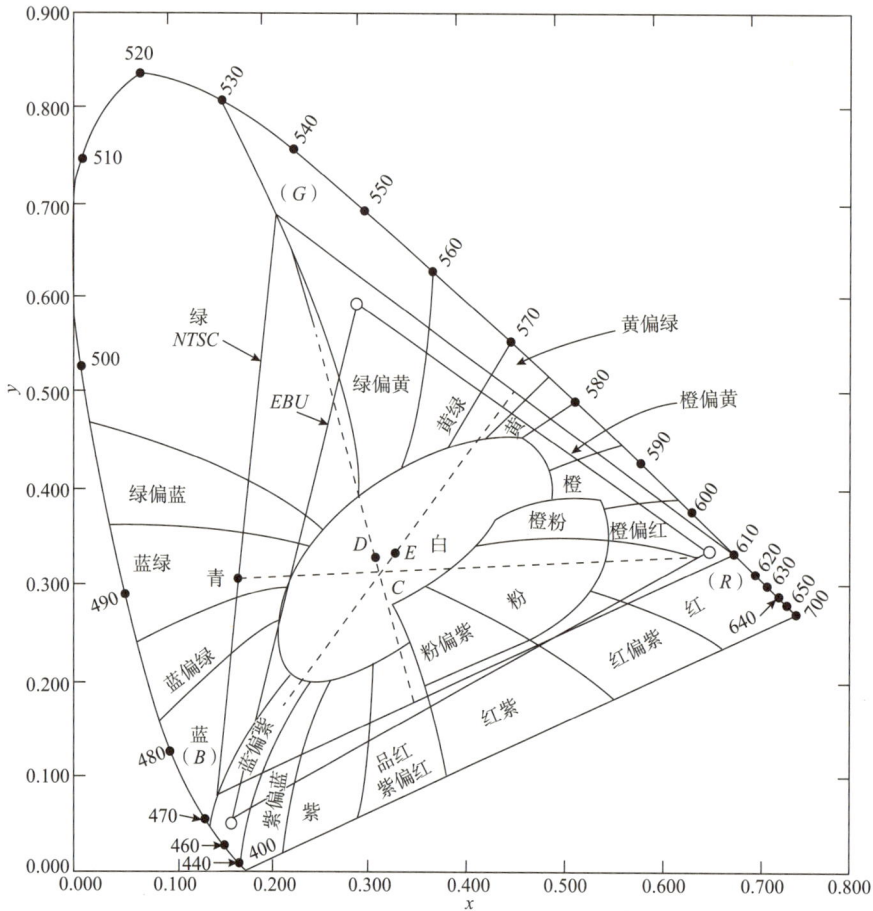

图 2-2-17　CIE　1931 色品图

分辨出数量有限的颜色种类，色度系统中无法识别颜色差异的范围称为颜色的宽容量。

　　美国柯达研究所工程师麦克亚当（D.L. MacAdam）在色品图上不同位置选定了 25 个色坐标点分别表示 25 种颜色，并以每个点为中心，分别向四周 5～9 个方向延伸并取点，每次都以人的视觉来分辨所取点与中心颜色点的差异，若当刚好感知到颜色差异则停止在该方向取点，按照这个方式获 25 个颜色点在各方向的刚好能够分辨差异（最小可识别差，Just Noticeable Difference，JND）的点，把这些点连起来绘制在色品图中，就成为 25 个大小不一的椭圆，这些椭圆就被称为麦克亚当椭圆（MacAdam Ellipsis），一般色品图中的麦克亚当椭圆是按实验结果放大 10 倍绘制的（图 2-2-18）。

　　如图 2-2-18 所示，在麦克亚当椭圆的大小各不相同，这表明了不同颜色的宽容量不同，可理解为蓝色椭圆小（宽容量小），人眼可以在蓝色区域内分辨出更多数量的蓝色种类；绿色椭圆大（宽容量大），人眼只能在绿色区域分辨出相对较少的绿色种类，即蓝色的最小可识别差（JND）距离只有绿色 JND 的约 1/20。麦克亚当椭圆的尺寸可以用 Standard Deviation of Coloe Matching（SDCM）来表示。

　　色容差是灯具的常见光色指标，用来表示目标光源的色度值与标准光源之间的差

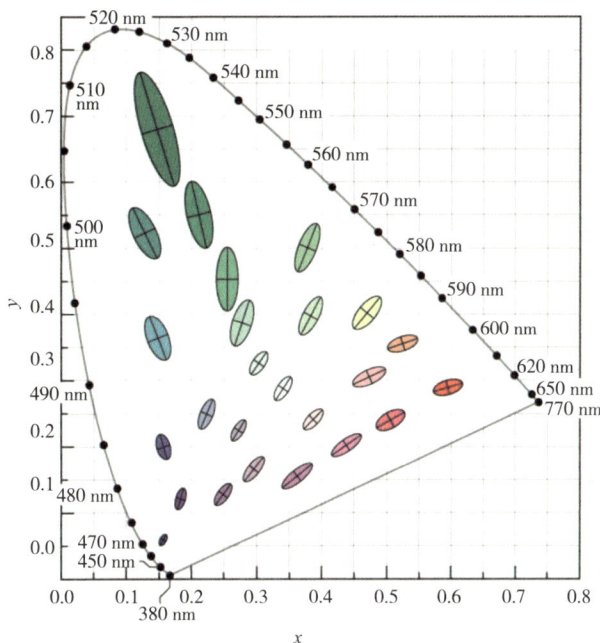

图 2-2-18 麦克亚当椭圆

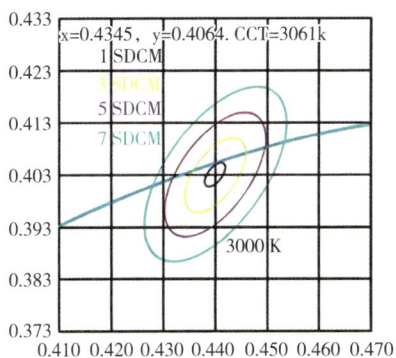

图 2-2-19 某光源色容差图

异。色容差一般采用麦克亚当椭圆来表示，其单位也是 SDCM，如图 2-2-19 所示。

假设目标光源的目标颜色（标准光源颜色）色品坐标为（0.4，0.4），以该点为中心的一系列椭圆就是不同"阶"（step）的 SDCM，如黑色为 1 阶 SDCM，湖蓝色为 5 阶 SDCM，按照麦克亚当椭圆的定义，SDCM 越小则人眼越难分辨颜色的差异，对于光源制造来讲，需要光源实际色品坐标与标准光源色品坐标越接近越好，即光源的色品坐标点尽量落在更小阶 SDCM 的椭圆内。国家相关标准中规定一般节能灯色容差 ≤ 5SDCM，普通照明用 LED 光源色容差 ≤ 7SDCM。

（三）色差

色差的定义是定量地表示两种颜色的差异。用于计算色差的方法和公式也经历了多次的变化和更新，色差计算的基础包括麦克亚当椭圆、孟塞尔体系及 CIE 色度系统线性转化三大类，国家标准 GB 5698-2001 中，推荐了 CIE 1976 L*u*v*（CIE LUV）、CIE 1976 L*a*b*（CIE LAB）和亨特色差公式，这些色差计算方法都是基于均匀色空间的。

均匀色空间是相对于不均匀色空间来定义的，CIE 1931 标准色度系统色品图就是典型的不均匀空间，因为空间中视觉分辨的颜色密度是不均匀的，相互区别的两个颜色之间并不是等差的，不能直观地反映颜色的视觉效果，即如果用距离来辨别颜色的差异容易产生错误的印象，所以 CIE 根据麦克亚当的研究成果制定了 CIE 1960 UCS

色度系统，后来又发展了若干均匀色空间色度系统，如图 2-2-20 所示。

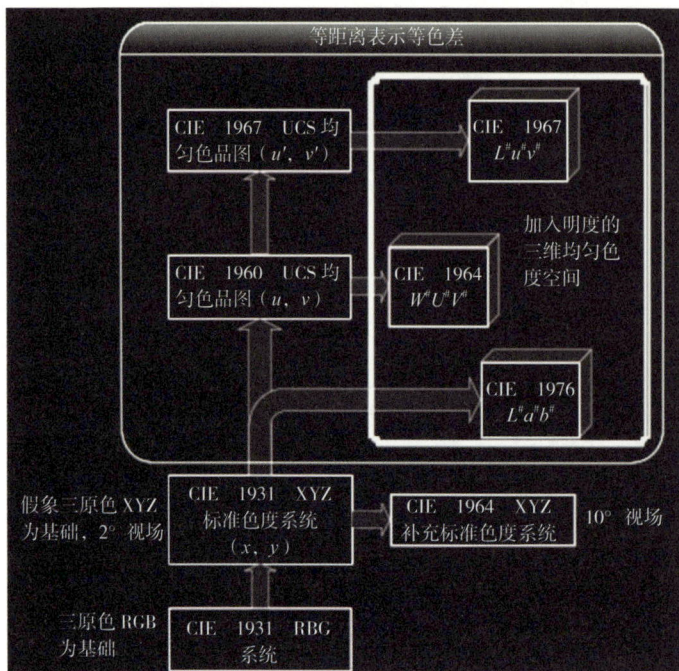

图 2-2-20　CIE 色度系统的发展

　　不断改良均匀色空间的目标之一，就是更加准确和便捷地评价和计算颜色差异，因不同色度系统对应的不同的色差超过 20 个，本书不做赘述。对于任意色度系统来说，色差都可理解为两个颜色点之间的距离。色差常用符号 ΔE 表示，单位为 NBS（National Bureau of Standards，美国国家标准局），1 个 NBS 表示在最佳实验条件下人眼刚好能感觉差异（JND）的 5 倍。

　　色差计算在对物体表面色、光源色的评价中有较为广泛的应用，比如，我国行业规定印刷复制品允许的色差范围应小于 10 个 NBS，涂料和纺织品都应控制在几个 NBS 以内，而电视、显示屏等以颜色复显为目的的光源类表面色差也应控制在 10 个 NBS 以内。

（四）色温与显色性

　　物体表面色的呈现很大程度上依赖光的成分，在照明设计应用中体现为照明光源的颜色品质，主要原因还是因为光源光谱功率分布的不同导致被照物体反射光的光谱功率分布差异。在人工照明环境中，与光源颜色品质相关的主要包括色温与显色性两个概念。

1. 色温

　　黑体定义为在辐射的作用下不反射也不透射，并能够把落在它上面的辐射全部吸收的物体。按照黑体的定义，宇宙中的黑洞应为黑体，但在自然界中绝对的黑体并不存在，很多物体非常接近黑体的性质，比如碳纳米管制作的新材料等。黑体不反射电磁波，但黑体可以发射电磁波，当黑体被加热时，其表面按单位面积辐射的光谱功率的大小及分布由该黑体的温度决定，即黑体的温度可以影响其发光的颜色。

黑体被持续加热时，随着温度不断升高，其发射出的最大光谱辐射功率迅速上升，相对光谱功率分布的最大功率部分将向短波方向变化，按照光源色的定义，因光谱辐射能量的分布（复色光的光谱成分）发生了改变，则光的颜色也会发生改变，温度升高响应的光色变化顺序为"红——黄——白——蓝"，如表 2-2-1 所示。

表 2-2-1　黑体温度与对应光色感觉

黑体温度（单位：开尔文 K）	光色感觉
800~900	红色
3000	黄白
5000	白色
8000~10000	淡蓝色

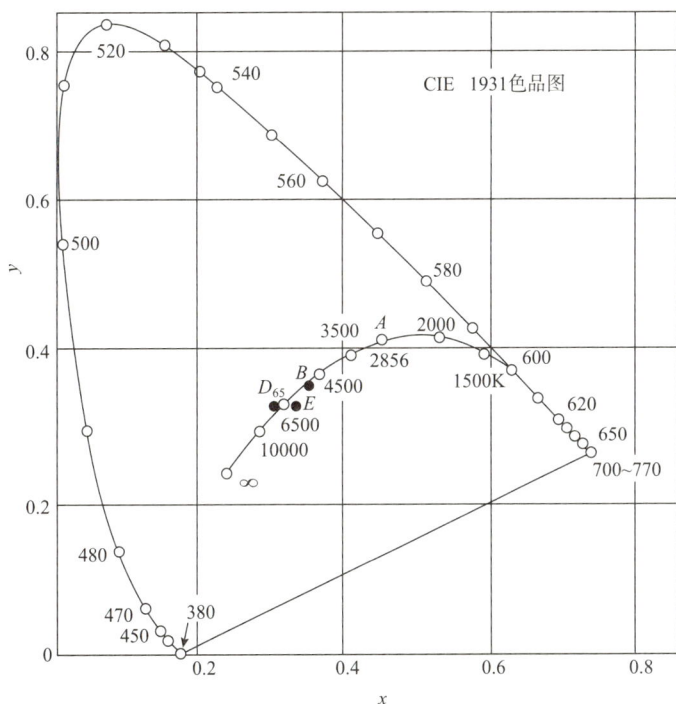

图 2-2-21　不同温度的黑体轨迹

把不同温度下的黑体对应的不同光色点绘制在 CIE 1931 标准色度系统色品图中，可以获得一条弧形的轨迹，这条轨迹就叫作黑体轨迹或者普朗克轨迹，如图 2-2-21 所示。

因黑体具有不同温度下发出不同光色的性质，把光源的色品与某一温度下黑体的色品最接近时的黑体温度称为色温，一般用符号 T_c 表示，即用黑体加热到不同温度下发出的光色来表示光源发出光的颜色。色温一般采用开氏温度单位开尔文（简写为 K），温度每变化 1K 相当于变化 1℃，但二者的起点不同，0K 是热力学的最低温度，称为绝对零度，约 -273.15℃。

对于白炽灯等热辐射光源，其发光原理是金属钨加热到白炽状态发光，通过钨丝的电流越大、温度越高，白炽灯发出的光色由暖红向暖白变化。与黑体加热发光的性质近似，白炽灯出光的色品坐标也落在黑体轨迹上，所以色温的概念恰好可以描述白炽灯的光色。

除热辐射光源外，其他大部分光源光谱功率分布与黑体差别较大，比如气体放电光源、发光二极管（LED）等，这类光源色品坐标并不落在黑体轨迹上，所以采用与黑体轨迹最接近的颜色来表示该光源的色温，以这种方法确定的色温被称为相关色温，一般用符号 T_{cp} 表示。

为了在色品图上方便地确定光源的相关色温，凯莱（K.L.Kelly）按照视觉恰可分辨的最小颜色差对黑体轨迹做了划分，并以各个划分点延伸出若干直线，如图 2-2-22 所示。

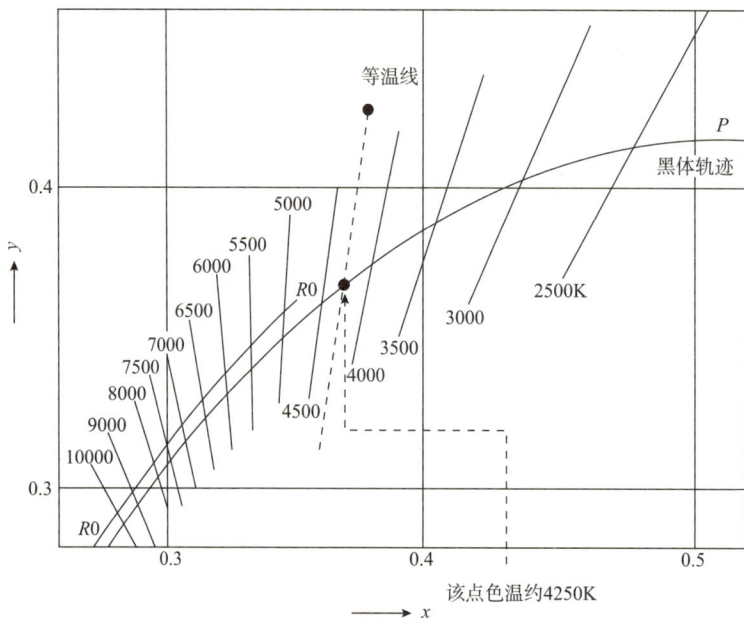

图 2-2-22　相关色温的确定

因 CIE 1931 标准色度系统色品图并不是均匀色空间，所以图 2-2-22 中黑体轨迹被分成了不同的长短段，通过黑体轨迹分割点的一系列直线被称为等温线，这些直线上的所有点的色温都被认为和分割成色温一致的相关色温。基于等温线图，就可以确定某光源的相关色温。在图 2-2-22 中，通过落在黑体轨迹附近的某光源色品坐标点，沿着与该点最接近的等温线相互平行的方向做一条直线与黑体轨迹相交，黑体轨迹上交点所示的温度即近似为该光源的相关色温。

如采用"冷、暖"的色表特征来形容不同光源光色，即光源色温或相关色温不同，可以产生不同的冷暖感受，如表 2-2-2 所示。

表 2-2-2　色表特征与相关色温

色表分组	色表特征	相关色温（K）
1	暖	＜ 3300
2	中间	3300 ~ 5300
3	冷	＞ 5300

2. 显色性

显色性定义为照明光源对物体色表的影响，该影响是由于观察者有意识或无意识地将它与标准光源下的色表相比较而产生的，如图 2-2-23 所示。

我在商店里面明明是浅绿色的，怎么变成深绿了？

为什么我在超市买到的最红的桃子，拿回家一点都不红？

图 2-2-23 显色性差异对物品颜色视觉呈现效果的影响

可以通过物体表面色的定义来理解显色性，如图 2-2-24 所示。

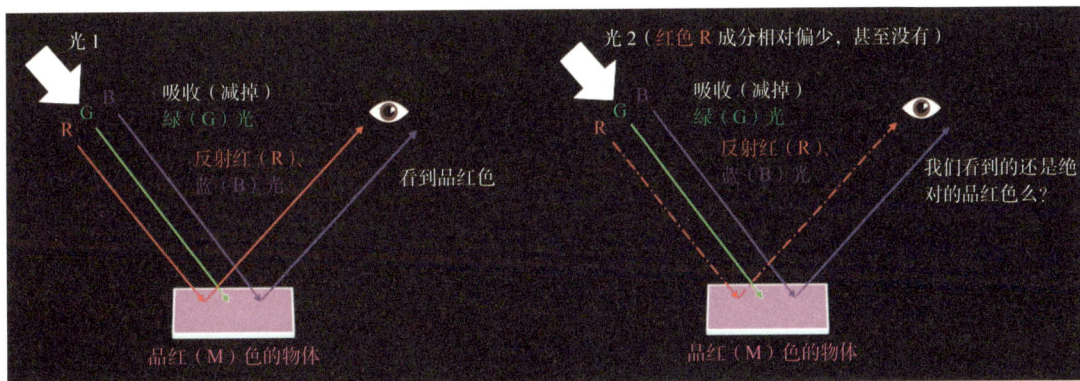

图 2-2-24 不同成分白光对品红色物体的颜色表现

　　假设有一个不透明的物体表面为品红色（M），分别用两个不同的光源在相同的位置进行照明，假设光源 1、光源 2 均是由 RGB 三原色混合的复色白光，二者的区别是光源 2 的光谱功率分布相比于光源 1 来说，在红色（R）波长的附近含量相对较低。

　　在光源 1 照射的条件下，基于物体色的定义，品红色（M）物体会吸收（减掉）光源 1 复色白光中的绿光（G）而反射红光（R）与蓝光（B），人眼接收到红光（R）与蓝光（B）的混合光，基于三原色混合原理（R+B=M），在光源 1 的照射下，人眼感知物体为品红色。

　　在光源 2 照射条件下，品红色（M）物体仍具有吸收（减掉）绿光（G）而反射红光（R）与蓝光（B）的固有性质（即物体表面材料的光谱反射率），但光源 2 的光谱在红光（R）区域含量较低，所以经过物体反射入人眼的复色光为较少的红光（R）+蓝光（B），此时人眼感知的色彩就不再是标准的品红色（M）了，所以可以说明在对品红（M）的颜色表现上，光源 1 比光源 2 更优，也可以定义光源 1 对于品红色（M）的显色性比光源 2 更好，所以显色性表示了目标光源与参考光源相比，光源显现物体颜色能力的特性。

由光源对物体色的表现和相关应用可知，显色性高低取决于光源的光谱功率分布，所有物体在阳光下的色彩表现最为真实，是因为太阳的光谱为连续光谱，白炽灯光谱功率分布同样属于连续光谱，所以其显色性较高，图 2-2-25 为常见光源的光谱功率分布与显色性。

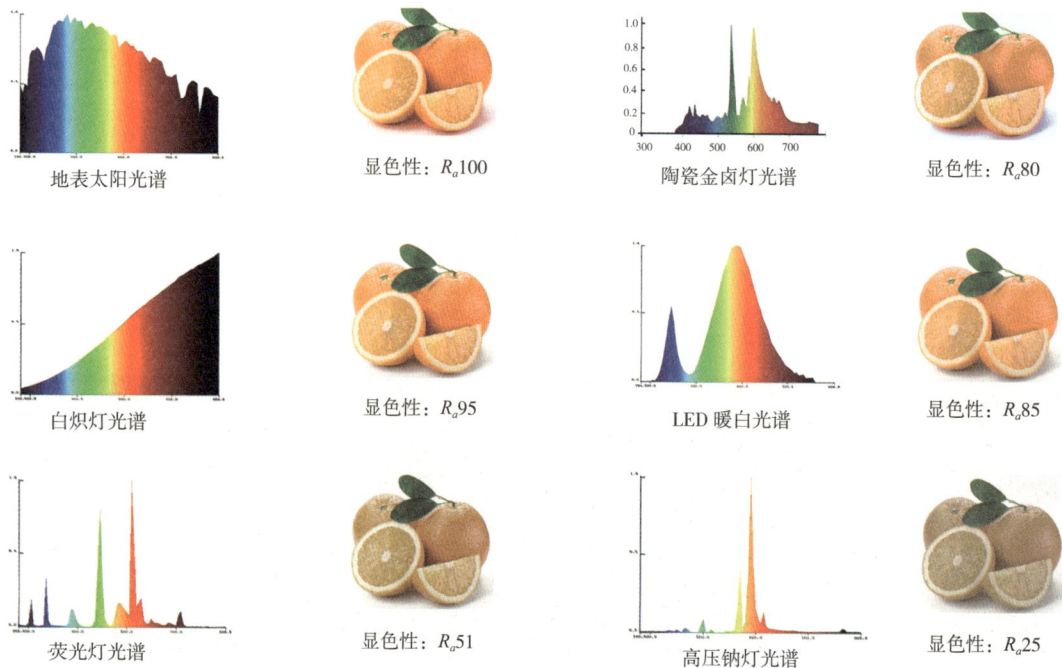

地表太阳光谱	显色性：R_a100	陶瓷金卤灯光谱	显色性：R_a80
白炽灯光谱	显色性：R_a95	LED 暖白光谱	显色性：R_a85
荧光灯光谱	显色性：R_a51	高压钠灯光谱	显色性：R_a25

图 2-2-25　常见光源的光谱功率分布与显色性

如前述光谱的定义，把某种光源发出不同波长的光类比为颜料盘里不同色彩的数量，光表现物体色彩的过程就等于把不同颜色（波长）的光当作颜料作画。对于太阳光、白炽灯这种连续光谱光源来说，光的"颜料盘"里覆盖了所有的色彩（波长）且量较为充分，所以表现物体所需的各种颜色都能找到，对物体真实色彩的表现较好，即显色性高；而对于某些光源来说，颜料盘里某些颜色的光含量相对少甚至缺失，如需要画一朵红花而没有红色颜料一样，所以对物体的真实色彩的表现相对较差（图 2-2-26）。

光源显色性用显色指数来度量，以被测光源下物体和参考标准

图 2-2-26　光对物体显色类比颜料绘制画作

光源下物体颜色的相符合程度来表示。通过图 2-2-24 的例子可定义在对品红色（M）的显色能力上，光源 1 比光源 2 更优，对任何的物体颜色，都可以比较在被测光源与标准光源照明条件下该物体的色表差异，一般用色差 ΔE 来表示。

　　CIE 规定了若干用于评价显色性的标准颜色样品，最开始只有 14 种，后来 CIE 追加了代表中国及日本女性肤色的第 15 号样品，均采用孟塞尔色度系统表示，如图 2-2-27 所示。

号数	孟塞尔标号	日光下的颜色
1	7.5R6/4	淡灰红色
2	5Y6/4	暗灰黄色
3	5GY6/8	饱和黄绿色
4	2.5G6/6	中等黄绿色
5	10BG6/4	淡蓝绿色
6	5PB6/8	淡蓝色
7	2.5P6/8	淡紫蓝色
8	10P6/8	淡红紫色
9	4.5R4/13	饱和红色
10	5Y8/10	饱和黄色
11	4.5G5/8	饱和绿色
12	3PB3/11	饱和蓝色
13	5YR8/4	淡黄粉色（人的肤色）
14	5GY4/4	中等绿色（树叶）
15	1YR6/4	中国女性肤色

图 2-2-27　CIE 标准颜色样品

　　基于所规定的标准颜色样品，可以计算某一样品在被测光源与标准光源照明条件下的色差 ΔE_i，并以此计算被测光源针对该颜色的显色指数，把光源对 CIE 规定的某一标准颜色样品的显色指数称作特殊显色指数，一般用符号 R_i 表示：

$$R_i = 100 - 4.6\Delta E_i \qquad （2-2-2）$$

式中：R_i——某一标准颜色样品的特殊显色指数；

　　　　ΔE_i——某一标准颜色样品在被测光源与标准光源照明下的色差。

　　在照明应用实践中，一般不会只考虑光源对某一种颜色的呈现，所以把光源对 1~8 号 CIE 标准颜色样本特殊显色指数的平均值称作一般显色指数（或通称显色指数），用符号 R_a 表示，一般显色指数可用于评价光源对颜色的综合表现能力，可由式（2-2-3）计算：

$$R_a = \frac{1}{8}\sum_{i=1}^{8} R_i \qquad （2-2-3）$$

图 2-2-28 所示装置为比色箱（标准光源箱），主要用来检测物品（如生产的各种货品）在不同色温的照明条件下与标准颜色之间的偏差。

　　箱中一般放置了多种 CIE 标准光源，所谓标准光源是指在 CIE 规定的光谱功率分布条件下不同色温的光源，这些标准光源主要用于模拟不同色温条件下的完全辐射体及

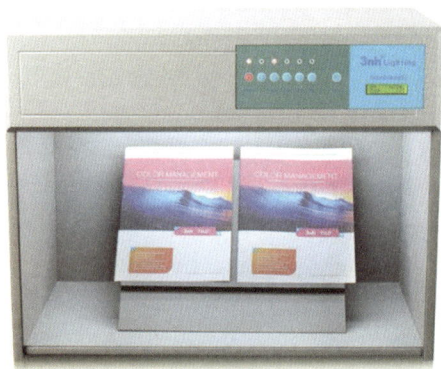

图 2-2-28　比色灯箱

阳光光谱，如表 2-2-3 所示。

表 2-2-3　CIE 标准光源规定及特征

标准光源	定义	色温 /K	色度（x, y）	
A	白炽光	2856	0.4476	0.4074
B	模拟中午日光	4874	0.3484	0.3516
C	模拟平均昼光、阴天日光	6774	0.3101	0.3162
D65	模拟平均日光	6504	0.3327	0.3290
D55	模拟早晨日光	−5503	0.3324	0.3476
D75	模拟傍晚日光	7504	0.2990	0.3150
E	强度不随波长变化	—	0.3333	0.3333

比色箱使用时，在内部放入测试样品与标准样品，通过开关不同的标准光源模拟不同色温照明条件，再用人眼辨别测试样品与标准样品的颜色差异，以保证测试样品的颜色表现符合要求。由此可以看出，标准光源的重要特征就是对色温与显色性的要求，在其他非标准光源照明条件下生产的样品，在比色箱标准光源照明条件下与标准颜色样品进行对比就能检测出颜色差异。

基于前述光源对物体色彩复显的原理，在有标准光源的条件下，也可通过简便的方法测定某光源的显色性。图 2-2-29 所示为评价光源显色性的简易装置，箱体右侧放置 CIE 标准光源，左侧放置所需评价显色性的光源，箱壁放置通过标定的标准色块，箱体中间放置挡板，保证两边光源发光互不干扰。在评价显色性时，两边光源同时打开，人眼正面视看两边色彩，以右侧标准光源照明条件下的标准色块为依据，评价左侧光源对颜色复显的准确性，被测光源侧色块越接近右侧色块，证明该光源的显色性越好。

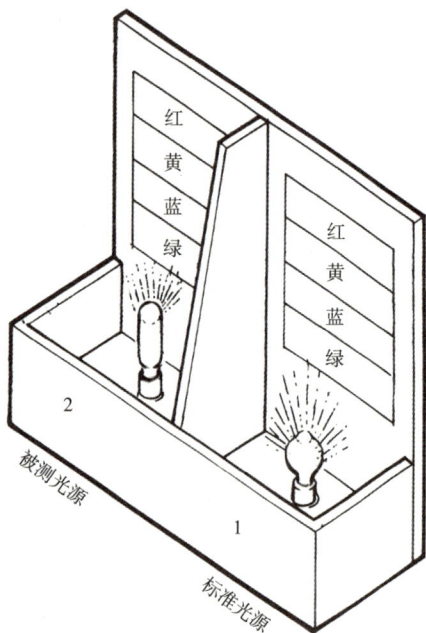

图 2-2-29　比较光源显色性的简易装置

三、设计应用

（一）相关色温

在照明设计应用实践中，很多时候会遇到两个光源标称色温相同但光色存在差异的情况，如图 2-2-30 所示，同为 3000K 光源，左边偏暖而右边偏冷。

标称色温相同而冷暖色表不同的原因，并不是因为光源在生产的时候错标了色温，主要是相关色温与色温的区别（图 2-2-31）。

如图 2-2-31 所示，按照相关色温的定义，在穿过黑体轨迹点的等温线上的所有色品坐标点的相关色温相同，即图中 a、b 两点相关色温均为 3000K，按照麦克亚当椭圆

图 2-2-30 两光源标称色温相同但光色存在差异　图 2-2-31 等温线上相关色温相同

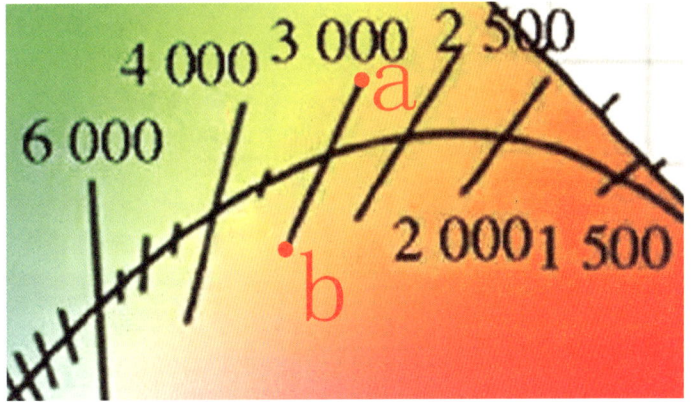

的相关定义，如果 a、b 两点距离足够远，超过了人眼对该区域颜色的宽容量，则可以通过视觉明显地分辨出 a、b 两点的颜色差异，这就是灯具标称色温相同产生不同颜色表现的根本原因。为避免产生这种情况，为了在某一空间或区域达到色温一致的整体效果，应考虑选用相同品牌和型号的灯具光源。目前广泛应用于通用照明的新一代光源 LED，即便是相同型号的全新灯具，也可能因为生产批次的不同而产生光色差异，这主要是由 LED 光源发光核心 LED 芯片在被制造出来时，会根据其色品坐标进行分区（分 bin），如图 2-2-32 所示。

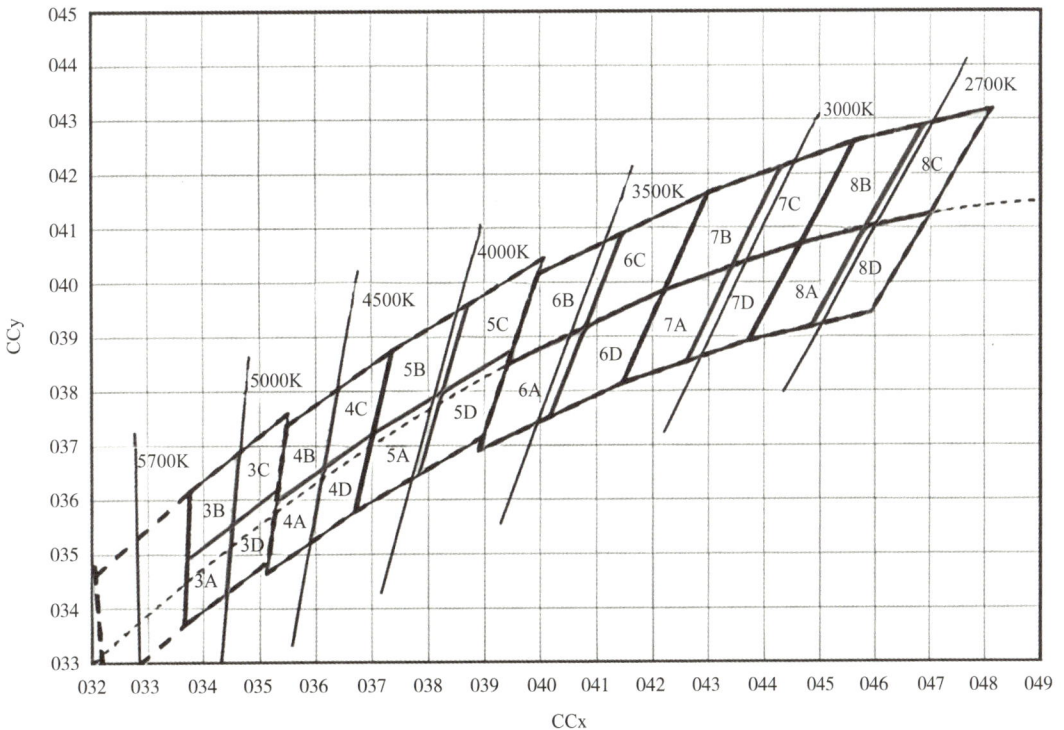

图 2-2-32 美国国家标准学会 ANSI 规定的自然白与暖白光分 bin

　　来自同一 bin 区的 LED 芯片光色一致性较好，而对于常规灯具来说，生产厂家在大批量采购芯片时，一般没办法保证这些芯片一直来源于同一 bin 区，甚至在某些照明工程项目中，同一批次的灯具也会出现多种光色的情况。因此，如果在进行一些对光色一致性有较高要求的场所，如高端商业、别墅酒店等，则需要专门针对光源的光色一致性提出要求。

（二）特殊显色指数与一般显色指数

　　图 2-2-33 显示了同一场景在两种不同光源照明条件下的颜色呈现，但若从视觉感知来判断两种光源显色性的优劣，大多数人会认为左边光源显色指数 R_a 更高，事实情况是左侧光源显色指数还略低于右侧光源，这似乎违背了光源显色性定义，造成这种情况的原因，正是一般显色指数与特殊显色指数定义的差别。

　　特殊显色指数 R_i 表明了光源对某一种 CIE 标准颜色样品复显能力，而一般显色指数 R_a 则为光源对 CIE 标准颜色样品

图 2-2-33　一般显色指数与物体特殊显色要求的关系

中 $R_1 \sim R_8$ 号颜色样品复现能力的均值，图 2-2-33 所示的照明场景中，照明对象的主色调以红色、暖色表现为主，CIE 规定的颜色标准样本中饱和红色属于第 9 号颜色样本（R_9）。该例中之所以出现一般显色指数高但显色效果差的情况，是因为一般显色指数 R_a 仅评价了光源对前 8 种 CIE 标准颜色样品的显色能力，虽然 R_a 数值相对较高，但对 $R_9 \sim R_{15}$ 号颜色样品的特殊显色指数不一定高。所以，按照示例中的视觉效果来看，左边光源的 R_a 虽较右侧低，但 R_9 则可能比右侧更高。光源对饱和红色 R_9 的显色能力在实践中较为重要，如以红、暖色为主色调的肉制品、烘焙店、水果店及演播室、摄影棚等需要复显皮肤色彩等场所，对照明光源的 R_9 都有一定的要求。LED 已经在通用照明领域普及，而大部分白光 LED 光源基本采用蓝色芯片激发各色荧光粉产生白光，虽可通过调节荧光粉比例或加入红色灯珠等形式来调整，但 R_9 低下的问题仍然存在。除饱和红外，黄、绿、蓝等饱和色的特殊显色在不同场景中也有不同的需求和应用。所以在进行艺术照明设计时，需要充分考虑空间场景中的色彩表现需求，包括主色调、局部显色甚至艺术照明中需要特殊表现的色彩氛围等，不能盲目以提升光源一般显色指数 R_a 来解决所有颜色复显的问题。

（三）灯具测试报告阅读

　　艺术照明设计关注艺术与光的应用结合，除对艺术设计概念和方法的学习掌握，

对基础技术理论内容的学习是对艺术设计效果落地实现的有力保障。灯具对照明设计师来说，如同画笔对于画家的意义，因此，对灯具参数的了解是照明设计师所需掌握的技能之一，除灯具的结构形制、电气等常见参数外，还应具备一般灯具测试报告的阅读能力（图 2-2-34）。

电光源测试报告

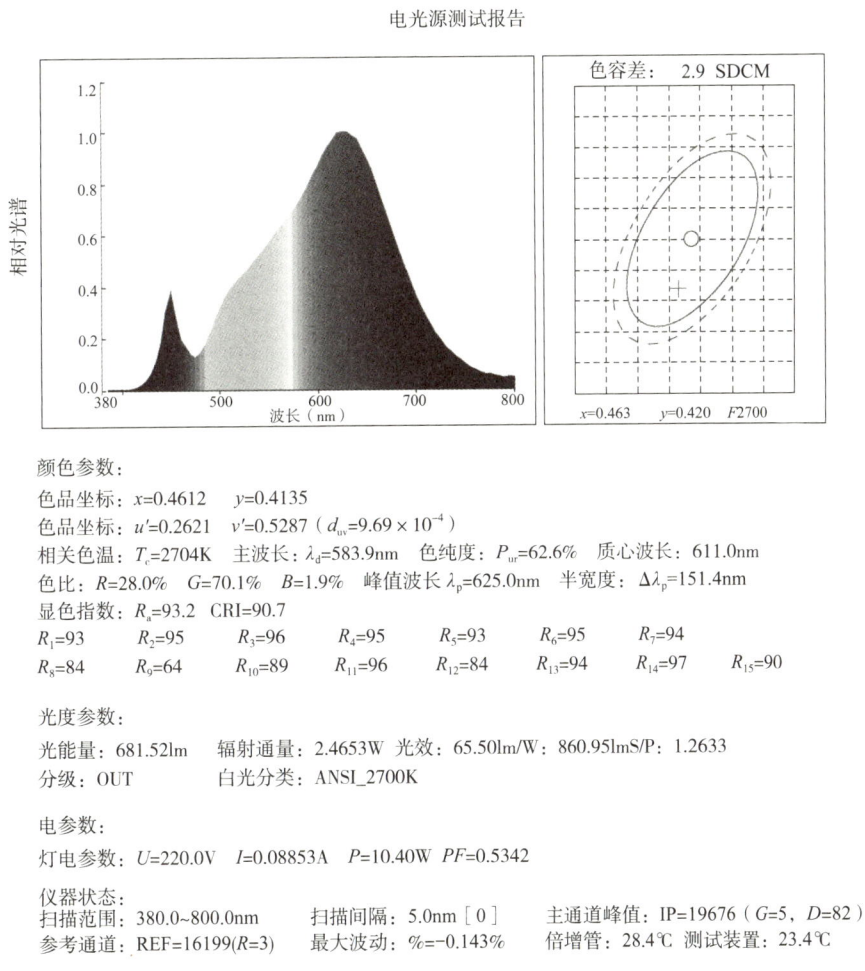

颜色参数：
色品坐标：x=0.4612　　y=0.4135
色品坐标：u'=0.2621　v'=0.5287（d_{uv}=9.69 × 10^{-4}）
相关色温：T_c=2704K　主波长：λ_d=583.9nm　色纯度：P_{ur}=62.6%　质心波长：611.0nm
色比：R=28.0%　G=70.1%　B=1.9%　峰值波长 λ_p=625.0nm　半宽值：$\Delta\lambda_p$=151.4nm
显色指数：R_a=93.2　CRI=90.7

R_1=93	R_2=95	R_3=96	R_4=95	R_5=93	R_6=95	R_7=94
R_8=84	R_9=64	R_{10}=89	R_{11}=96	R_{12}=84	R_{13}=94	R_{14}=97	R_{15}=90

光度参数：
光能量：681.52lm　辐射通量：2.4653W　光效：65.50lm/W：860.95lmS/P：1.2633
分级：OUT　　　白光分类：ANSI_2700K

电参数：
灯电参数：U=220.0V　I=0.08853A　P=10.40W　PF=0.5342

仪器状态：
扫描范围：380.0~800.0nm　扫描间隔：5.0nm［0］　主通道峰值：IP=19676（G=5，D=82）
参考通道：REF=16199（R=3）　最大波动：%=-0.143%　倍增管：28.4℃　测试装置：23.4℃

产品型号：RDAL31-10E-127SWT　　制造厂商：
产品编号：1　　　　　　　　　　测试单位：
环境温度：25.3℃　　　　　　　　环境湿度：65.0%
测试人员：Alice　　　　　　　　　测试日期：2020-08-21　08：43：19
软件版本：V3.00.135　　　　　　　测试仪器：远方 PMS-80_V1 系统（11080010）

图 2-2-34　筒灯灯具电光源测试报告示例

图 2-2-34 为典型的灯具测试报告，报告内容可按表 2-2-4 描述进行识读。

表 2-2-4　常见灯具检测报告内容识读

内容	描述	备注
色品坐标	x、y 为 CIE 1931 XYZ 色品坐标；u、v 为 CIE 1964 W'U'V' 色品坐标；u'、v' 为 CIE 1976 L'u'v' 色品坐标	不同色空间色品坐标可相互转换

内容	描述	备注
相关色温	T_c 为光源相关色温；Duv 为色偏差值，表示在 CIE 1960 UCS 均匀色度系统中，光源的 u、v 色坐标到距离黑体轨迹的距离	Duv 表明光源相关色温与黑体轨迹上色温的接近程度
峰值波长	光谱中辐射功率最大处对应的波长	
半宽度	光谱中辐射功率为 1/2 峰值的两点之间的波长宽度	
主波长	在 CIE 1931 标准色度系统中，通过光源色品坐标点与中心白点（0.33，0.33）连线与马蹄形曲线相交的点对应的波长	主波长表征人眼看到光的主要颜色所代表的波长
色纯度	表示光源色品坐标点到主波长点的距离	光源色品坐标点距离主波长点越远（距离白点越近）表示颜色纯度越低，反之亦然
色比	光源发出光中 R、G、B 三原色的相对比例	R+G+B=1
显色指数	R_i 为特殊显色指数，R_a 为一般显色指数	R_1~R_{15} 号标准颜色样品特殊显色指数位于下方
左图	评价色容差的麦克亚当椭圆图，并直接给出 SDCM 值	椭圆中心点为标准光色，图中被测光源光色坐标点以十字标注
右图	光谱功率分布	
光度参数	光通量为灯具发光的总流明数；光效为光通量除以灯具功率；光谱辐射功率为光源单位时间内发光的总能量，单位 W	光谱辐射功率描述了灯具发出的所有辐射（包括不可见光）的能量总和，应以灯具功率区别

第三节 光源与灯具

一、光源与灯具发展简史

在古代，把火通过人工的方式留存下来并加以利用是照明器具出现的原始方式，可考证的最早照明器具出现在约七万年前，由石头、贝壳等天然材料制作而成，内部填充动物脂肪、苔藓等作为燃烧物。光源是照明器具发光的核心，从火、白炽灯、气体放电灯到 LED，人类习惯把每一次的光源种类更迭称为"照明革命"，"火"作为人类使用时间最长的光源，在照明史上有着举足轻重的地位，从照明灯具的演变可知，无论其形制如何变化，都是以如何高效地用光照亮空间环境为基本目的。现代照明光源技术不断发展，在火光照明时代，同样也有光源技术的研究和改进。

据相关史料可推测，远古人类把动物油脂用作火的助燃物，很可能是在炙烤肉食时偶然发现的，继而有了收集动物油脂放入石制容器、直接用火点燃的方式。

虽然古人在光源中添加了苔藓、干草等助燃物，但直接燃烧动物油脂的人造光源仍然存在很多缺点，主要是火苗微弱、燃烧烟雾等问题。古人通过观察发现，减少油脂的点燃面积可以很大程度减少烟雾的产生，于是"灯芯"出现了。随着人类社会的发展，灯芯的制作材料也在不断发生着变化——从最初的干草、根茎及木条材料到后来的棉制灯芯（图 2-3-1），同时，人们也开始寻找能烧得更久、烟更少的燃料，于是相继出现了各类植物油、石油（灯油）燃料光源。

古人在对光源的"研究"过程中还出现了附属物，液态的动物油脂盛放在容器中，当油脂凝固后与灯芯融为一体，蜡烛这种新的光源形态便诞生了。最开始的蜡烛材料来源于动植物油脂、蜂蜡，19 世纪时可以用化学方法从煤焦油中提取石蜡（图 2-3-2），蜡烛开始进入千家万户。

蜡烛严格意义上来说应纳入光源的类别。图 2-3-3 所示为陕西咸阳出土的秦代雁足置烛灯台，灯具整体形态为单条雁腿踏于桃形底座之上，承托着环形灯盘，上面的三个灯柱则是用来固定蜡烛的，这就是以蜡烛为光源的灯具。

图 2-3-1　现代工艺制作的棉纱灯芯

图 2-3-2　现代工艺制作蜂蜡蜡烛与石蜡蜡烛

图 2-3-3　秦代雁足置烛灯台

我国考古发现的最早灯具出现在战国时期，《尔雅·释器》中记载"瓦豆谓之镫"，证实了我国照明器具由"豆"演变而来的历史。"豆"本为盛放熟食的器皿，"瓦豆"形制为高脚的圆盏，到了战国时期，器皿的盘变浅且平坦，盘中开始出现突出的尖头，表明了瓦豆由"置食"向"置烛"功能的"镫"转变。这种豆形灯是我国历史上使用较久的灯具，"镫"也被普遍认为是现代"灯"一字的由来（图 2-3-4）。

战国时期铸铜技术开始逐渐成熟，而铜灯仍是王公贵族使用的照明器具，常见灯具多为陶制。直到秦汉时期，出现了石、铁制灯具，铜灯的工艺及艺术性大幅提升，出现了外观形制基于使用场所及需求定制的照明器具，如西汉长信宫灯（图 2-3-5），因其巧妙地解决了调光、防烟等问题，被誉为"中华第一灯"。

明清是我国古代灯具发展的巅峰，在唐宋时期流行的瓷灯

图 2-3-4　战国跽坐人漆绘铜灯

仍为主流，明代出现了青花、五彩等瓷灯形制，色彩更加多样，灯具的外观形制开始逐渐重视"装饰性"，出现各种以花鸟虫鱼、人物事件为主题的表现形式（图 2-3-6）。

图 2-3-5　西汉长信宫灯

图 2-3-6　明代狮子灯（左）和清代猴灯（右）

直至清末，煤油灯从西方引入国内，由于其高效、耐用的特点，逐渐替代了我国传统的灯具形制，如图 2-3-7 所示。煤油灯成为电气时代之前人类的主要照明灯具之一，20 世纪六七十年代，煤油灯仍为我国农村地区较为普遍的灯具。

第二次工业革命后，人类进入电气照明时代，灯具发展主要受光源种类、材料及制造工艺等因素的影响。直至今日，灯具的样式、形态甚至用途仍随着社会需求的提高及照明技术的发展而不断变化和创新。

图 2-3-7　清末煤油灯——"美孚灯"

二、电光源的分类及特点

随着社会和科学技术的进步，电光源也不断更新换代。各类电光源由于发光机理不同，光电特性也存在较大差异，为了在艺术照明设计应用中正确地选用电光源，应对其原理、特性有基本的认识了解。

如图 2-3-8 所示，常见电光源可以分为热辐射光源、气体放电光源及电致发光光源，基于各类光源的发光形式及特点，相应灯具结构形制也在不断发展变化。

（一）热辐射光源

1. 定义

任何物体的温度高于绝对零度，就会向四周空间发射辐射能。当金属被加热到 500℃时，就发出暗红色的可见光（与 773K 温度下黑体发光近似）。金属被加热的温度越高，可见光在总辐射中所占比例越大。人们利用这一原理制造的照明光源称为热辐射光源。

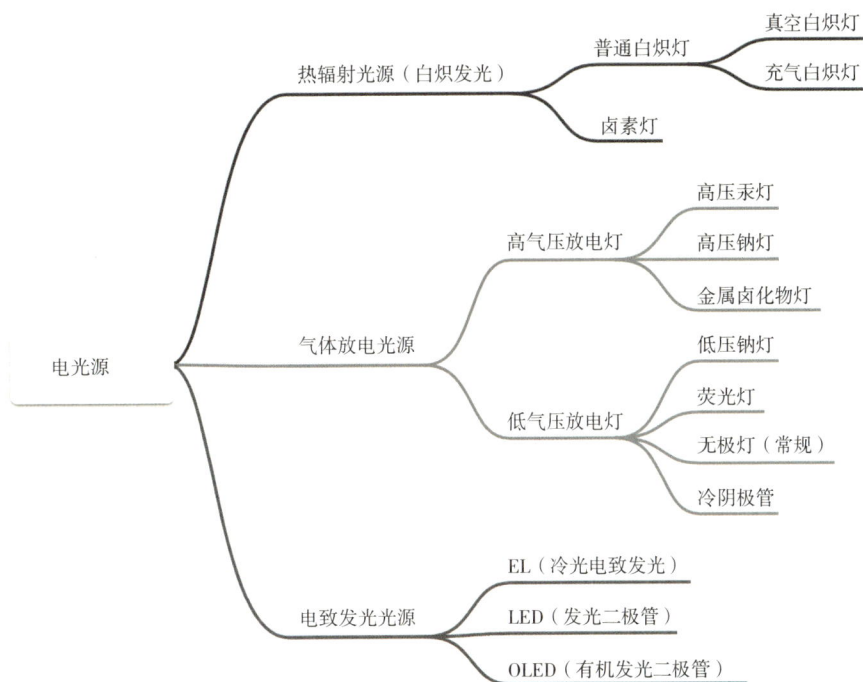

图 2-3-8 电光源分类

2. 主要特点

（1）从命名可知，光源发光来源于热辐射，可通俗地理解为通过电能（通电）转化为热能后，再部分转化为光能，过程中产生了大量的损耗（变成热），所以热辐射光源的效率较低。

（2）由前述色温的定义可知，热辐射光源发光性质接近于黑体，色品坐标刚好落在黑体轨迹上，黑体在一定温度条件下的光辐射是连续的，所以热辐射光源也为连续光谱，相应显色性较高。

3. 主要类别

（1）普通白炽灯。

普通白炽灯泡由灯丝、玻璃泡、灯头、支架、引线等几部分组成，如图 2-3-9 所示。

①最早的白炽灯泡需要抽真空，防止灯丝氧化。

②灯内可充氩、氮或氩氮混合气体，目的是减少钨丝受热升华。

白炽灯发光核心就是灯泡内的钨丝，钨丝的温度越高，光效越高，但光源寿命与灯丝温度成反比，钨丝的熔点约为 3410℃，在此温度下，其发出的可见光占整体辐射能量的比例也小于 10%，即达到钨丝熔点温度时的白炽灯光效也仅为 53 lm/W。所以，普通白炽灯的光效极低，约为 12～17 lm/W，色温一般为 2300～2900K，色表暖红，但显色性较高，显色指数 R_a 高达 99。到目前为止，它是全球应用最为广泛的光源之一。

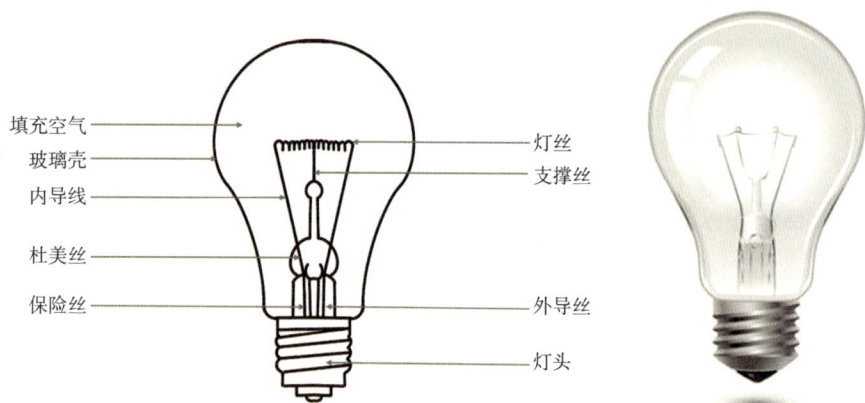

图 2-3-9　普通白炽灯结构示意图

（2）卤素灯。

卤素灯也称卤钨灯，可以理解为另一种类别的白炽灯。卤素灯与白炽灯最主要的区别就是在灯泡内加入了卤族元素（常用碘、溴等）。

①卤素灯工作时，钨丝被加热进入白炽状态后升华为钨气体，与灯泡内的卤族元素结合形成卤化钨。由于卤化钨是一种不稳定的化合物，当卤化钨气体移动到发热的灯丝附近，又会因为高温分解为钨与卤族元素，分解出来的钨又沉积回到灯丝上，这样的过程称为卤钨循环（图 2-3-10）。卤钨循环使得灯丝升华的速度更慢，从而延长了灯泡的寿命。

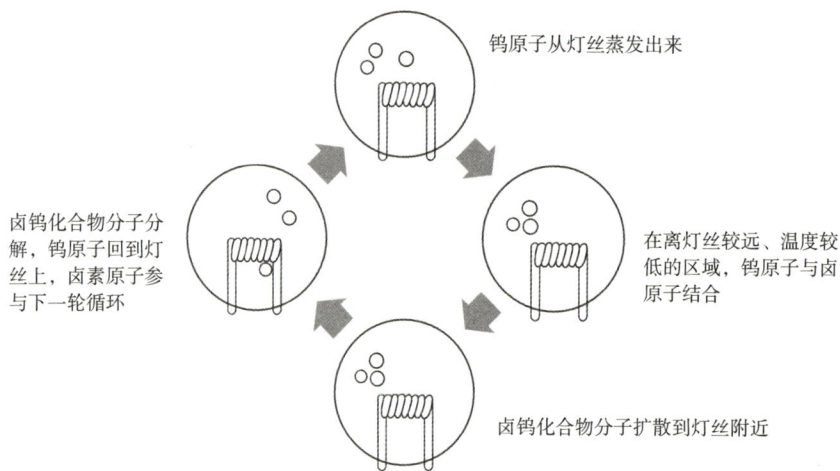

图 2-3-10　卤钨循环原理

②为了保证灯管壁处的卤化钨保持气态，卤素灯比一般的白炽灯有更高的运行温度，其发光效率也比普通白炽灯更高。

③为了更好地实现卤钨循环，卤素封装灯体积一般较小，加之更高的温度，灯泡壳若采用普通玻璃则无法耐高温，因此一般卤素灯泡均采用熔点更高的石英或铝硅酸盐玻璃制成，如图 2-3-11 所示。

图 2-3-11 各种卤素灯形式

卤素灯常为反射型结构，包括 MR、PAR 等类别，如图 2-3-11 所示。其中 MR 即多面反射（Multifaceted Reflector），常称为卤素灯杯、石英灯杯，主要把卤素灯泡放置于一个玻璃压制的反光碗中，反光碗多面镀膜表面将可见光向前反射而使红外线向后透射，因此减少了被照表面因红外聚集温度升高的概率，因此也被称为冷光灯杯，新一代 LED 光源推广应用初期也有大量 MR 灯杯的仿制型。

热辐射光源最大的问题是效率低，不节能。因此，我国于 2011 年 11 月发表了逐步淘汰白炽灯路线图。2020 年后，除特殊用途白炽灯外，通用照明的白炽灯产品一律禁止销售使用。

（二）气体放电光源

气体放电光源主要通过各种方式激发光源内置气体电离而辐射出不同色光，光源效率主要受到气体成分、气体压力、荧光材料等因素影响，发光效率比热辐射产品有了很大提高。

气体放电可分为辉光与弧光放电两种类别，辉光放电不依靠加热电极而是通过正离子轰击来发射电子；弧光放电是绝大多数气体放电光源的放电方式，弧光放电阶段，因为热电子发射的存在，放电电压反而随着电流的增加降低，这一特性称为负阻特性。具有负阻特性的光源如果直接接入电源，放电导致的电压下降，可使电流进一步增大而烧坏光源，所以，弧光放电光源必须串接限制电流无限制增大的器件，称其为镇流器。因负阻特性是所有弧光气体放电光源的共性，所以大部分气体放电光源都必须配备镇流器。

基于光源放电管内部气体压力的高低，可分为低压气体放电光源、高压气体放电光源两大类别。

1. 低压气体放电光源

低压气体放电光源放电管内一般约 0.01 个标准大气压，主要包括荧光灯、冷阴极管、无极灯、低压钠灯等。

（1）荧光灯。

荧光灯是除白炽灯以外使用最为广泛的人造光源，1938 年美国通用公司发明了荧光灯，1974 年荷兰飞利浦公司研制出基于人眼敏感三原色荧光粉的荧光灯，效率和颜色品质大幅度提升。荧光灯的发光效率约是白炽灯的 4 ~ 5 倍，寿命是白炽灯的 3 倍以上，所以在较多应用场所替代了热辐射光源。图 2-3-12 为典型的荧光灯管结构。

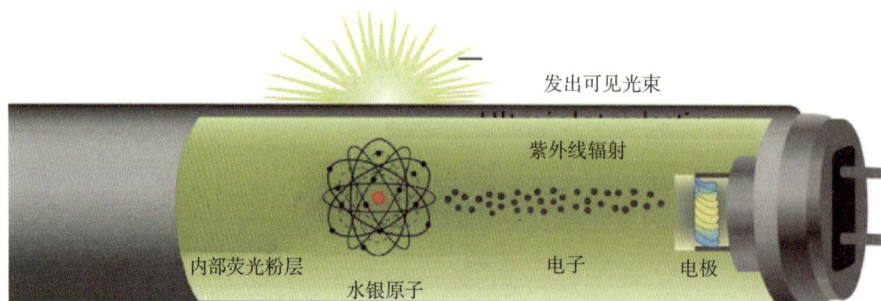

发出可见光束

紫外线辐射

内部荧光粉层
水银原子
电子
电极

图 2-3-12　荧光灯管结构

灯管内充有低气压的汞（水银）蒸汽和少量的惰性气体，灯管内壁涂有荧光粉。当通电工作时，电极被加热而发射自由电子，向灯管两极施加高压使得惰性气体电离，管内温度升高、灯管内所有汞气化，汞蒸汽的原子被发射的自由电子撞击后，就会因能量跃迁而发出紫外线并激发管壁的荧光粉产生可见光。因发出的光与传统白炽灯的色表有明显区别，色温相对更高，视觉上更接近日光，所以荧光灯也常被称为日光灯。

①启动方式。

因荧光灯启动需要瞬时的高电压，产生这种电压主要采用启辉器或电子镇流器。采用启辉器的称作预热型荧光灯，顾名思义需要对电极进行预热。启辉器又叫辉光式启动器，一般与电感整流器搭配使用。启辉器主要用来对电路进行自动开闭，闭合的时候预热荧光灯电极，断开的时候与电感镇流器共同产生瞬间高压使荧光灯启动。采用电子镇流器的称作快速启动荧光灯，一般利用电子镇流器产生瞬间高压，不需要启辉器（图 2-3-13）。

（a）启辉器

（b）电子镇流器

图 2-3-13　启辉器与电子镇流器

②分类。

常见的荧光灯一般按灯管外形特征及是否自带镇流器进行分类。把光源不带镇流器的称为（普通）荧光灯；光源与镇流器、标准灯头一体化的称为自镇流荧光灯，因为其体积相对较小且常用于替换能耗较高的白炽灯，所以也常称为紧凑型自镇流荧光灯（Compact Fluorescent Lamps，CFL）或节能灯（图 2-3-14）。

若按照荧光灯外形分可有多种类别，双端荧光灯（指光源具有两个电源输入端）基本都为直管型，主要指日光灯管，如图 2-3-14 所示。双端荧光灯一般都是不带镇流

（a）普通荧光灯　　　　　　　　　（b）紧凑型自镇流荧光灯

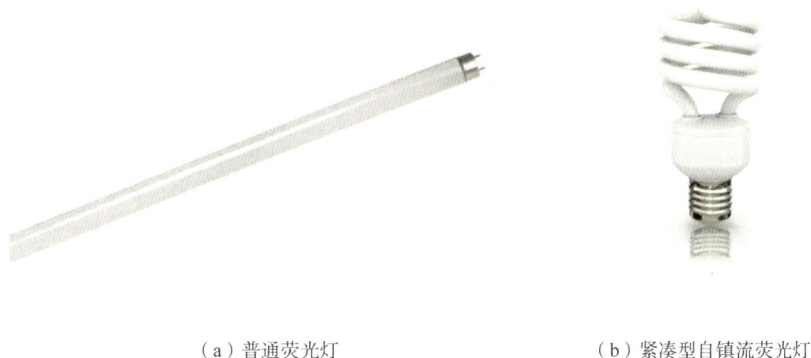

图 2-3-14　普通荧光灯与紧凑型自镇流荧光灯

器的普通荧光灯。

　　直管荧光灯直径一般采用英制单位衡量，即采用英寸的 1/8 作为基本单位，荧光灯管标注中 T 后的数字即采用的是该单位的数值，如图 2-3-15 所示。

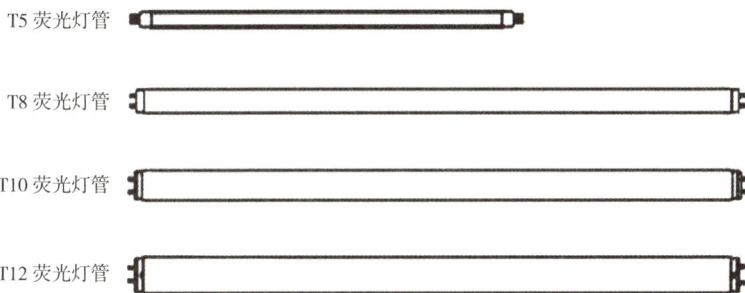

T5 荧光灯管

T8 荧光灯管

T10 荧光灯管

T12 荧光灯管

图 2-3-15　不同直径直管荧光灯

　　一般习惯把这个单位称为"英分"（标准英制中没有英分单位），1 英分 =1/8 英寸。较多仿荧光灯形制的 LED 光源也采用了同样的尺寸标注方法。

　　单端荧光灯包括自镇流及非自镇流两种类别，按照对管形的直接描述包括螺旋管（半螺、全螺）、球形、环形、U 形（2U、3U）、H 形、蝴蝶形等，如图 2-3-16 所示。

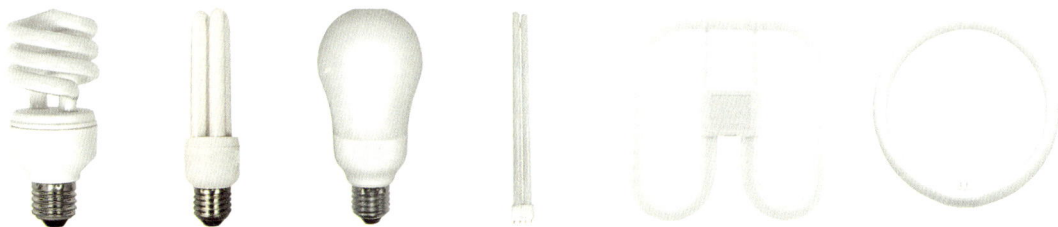

图 2-3-16　荧光灯类型

　　③应用。

　　荧光灯因其节能、光色多样等特性，从 20 世纪 80 年代开始，在我国民用照明领域开始逐步替代白炽灯，主要应用领域包括家居、办公、商业、体育、医疗卫生、工业生产等领域，至今荧光灯在全球范围内仍有广泛应用（图 2-3-17）。

（2）冷阴极管。

冷阴极管简称 CCFL（Cold Cathode Fluorescent Lamp），发光原理和荧光灯类似。通常发射电子的材料即阴极，可分为冷、热两种。荧光灯属于热阴极，即加热电极用低电压就可以产生电子发射；冷阴极是指无须加热阴极就可以对外发射电子，可瞬时启动，冷阴极气体放电光源属于辉光发电。冷阴极管主要用途为显示背光及装饰广告，一般把用作装饰照明的冷阴极管称为霓虹灯。

图 2-3-17　荧光灯的应用

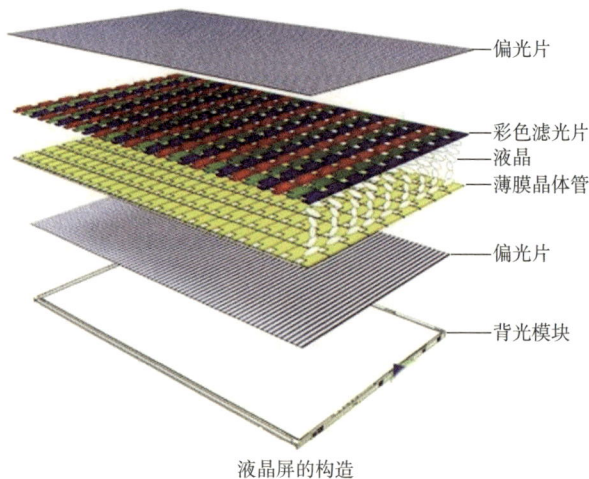

背光用冷阴极管可用作显示设备的背光源，如早期的 LCD（液晶）显示屏之所以厚度较大，是由于背后空间排列放置的主要为冷阴极管，当然冷阴极管也可作为广告灯箱内置光源使用，如图 2-3-18 所示。

偏光片
彩色滤光片
液晶
薄膜晶体管
偏光片
背光模块

液晶屏的构造

图 2-3-18　冷阴极管的背光应用

霓虹灯属于冷阴极光源中应用最为广泛的一类，灯管内部一般填充了氖、氦等稀有气体，"霓虹"（neon）即氖气的英译，霓虹灯因其色彩多样、发光均匀及管体便于造型等特性，主要应用于广告招牌及建筑物照明。上海作为中国第一个在室外点亮电灯的城市，自 20 世纪 30 年代霓虹灯传入后，更是因多彩的城市建筑物装饰灯光而获得了"不夜城"的美誉（图 2-3-19）。

（3）无极灯。

无极灯可以看作荧光灯的一个特殊种类，也被称为电磁感应灯。无极灯与荧光灯的主要区别在于其放电腔内不需要发射电子的电极，主要是利用高频电磁场激发灯管内的低气压汞蒸气和惰性气体放电产生紫外线，再激发管壁荧光粉发出可见光。

普通荧光灯的寿命主要取决于电极的寿命，但无极荧光灯的寿命主要取决于高频

（a）霓虹灯广告招牌　　　　　　　　　　（b）20 世纪 50 年代上海霓虹灯装饰

图 2-3-19　霓虹灯广告招牌与 20 世纪 50 年代上海霓虹灯装饰

电路的寿命，由于没有电极，所以无极荧光灯的寿命相对较长，按照工作频率可以划分为低频、高频两种类别。无极荧光灯放电腔无需制成细长的管形，可以设计成球形，也可以设计为反射型，如图 2-3-20 所示。

（a）低频无极灯　　　　　　　　　　　　（b）高频无极灯

图 2-3-20　低频无极灯与高频无极灯

无极灯作为一种新型的节能照明产品在较多领域得到了推广，在应用中需注意工作产生的高频电磁波无线电广播、通信设备及其他电器产生的干扰问题。

（4）低压钠灯。

低压钠灯与荧光灯都是低压金属蒸汽放电，主要区别是钠与汞放电的特征谱线不同，钠的辐射谱线是主要集中在 589nm 的黄光，接近人眼光谱光视效率的峰值区（555nm）；同时低压钠灯不需要像荧光灯那样通过发出紫外线激发荧光粉而发光，避免了转化的损失，所以，低压钠灯成了目前发光效率最高的电光源之一，其光效可达 140～180lm/W，如图 2-3-21 所示。

低压钠灯发出的黄光基本上接近单色（光谱分布窄），所以显色性非常差，这一特性导致了其不适用于一些对色彩复显有要求的场所，但由于其光效高、所发出的黄光透雾性强，所以低压钠灯常用于公路、隧道、港口、货场和矿区等场所的照明，也可作为特技摄影和光学仪器的光源，如图 2-3-22 所示。

2. 高压气体放电光源

高压气体放电光源中如金卤灯、氙灯等高亮度、高显色的光源也称高强度气体放电灯（HID，High Intensity Discharge），一般高压气体放电光源放电管内气压都在几个

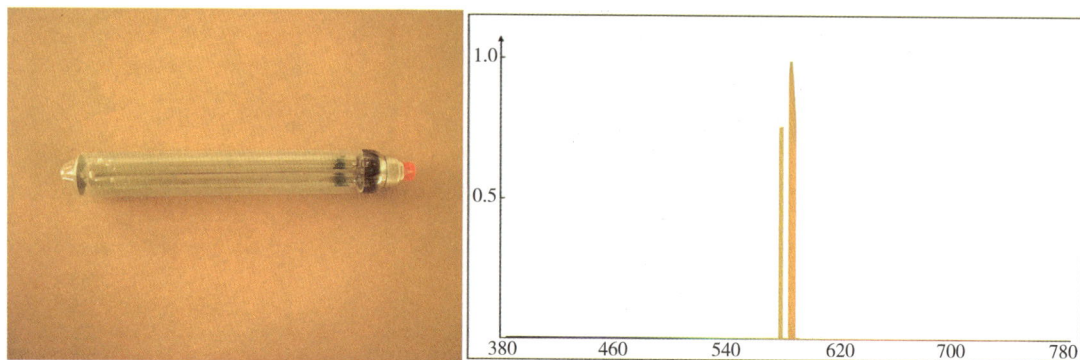

图 2-3-21　低压钠灯及其光谱（光谱集中于 589.0nm 和 589.6nm 的钠双黄线上，单色性很强）

图 2-3-22　低压钠灯使用场所

标准大气压以上，也有把放电管气压高于约 10 个标准大气压的称为超高压气体放电光源。高压气体放电光源主要包括高压汞灯、高压钠灯、金卤灯、氙气、微波硫灯等，本书主要介绍常见类别。

（1）高压汞灯。

高压汞灯为采用高压汞蒸气放电的光源，一般包括透明外壳、内涂荧光粉、反射型等类别，其中外壳内壁涂敷荧光粉的高压汞灯发光原理与荧光灯类似，而荧光灯可归类为低压汞灯。高压汞灯是高压气体放电灯中结构相对简单的一种，如图 2-3-23 所示。

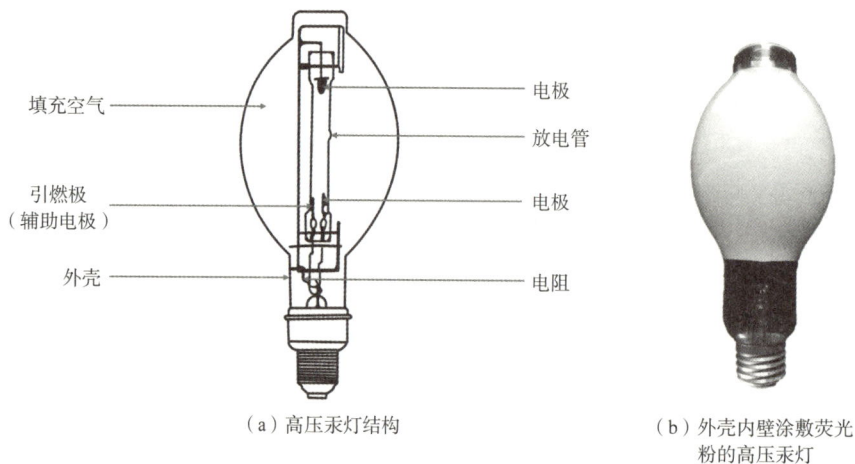

（a）高压汞灯结构

（b）外壳内壁涂敷荧光
粉的高压汞灯

图 2-3-23　高压汞灯

高压汞灯与荧光灯的主要区别在放电管内的蒸汽压力，灯体结构包括放电管和外壳，"放电管 + 外壳"也是常见高压气体放电光源的常见封装形式，高压汞灯的放电管一般由石英玻璃制成。

不同种类的高压汞灯适用于不同的场所：透明外壳高压汞灯适用于定向照明（如室外投泛光照明）；带荧光粉涂层的高压汞灯适用于街区道路、工厂等；反射型高压汞灯由于其反射面位于内壁，不易受到环境污染，所以比较适合重工业等污染较重的场所。

（2）高压钠灯。

高压钠灯是一种高压钠蒸气放电灯，顾名思义，相对于低压钠灯来说，其放电管内的蒸汽压力更大。虽然高压钠灯发出的也是黄光（相关色温约 2200K），但其光谱并不像低压钠灯那样集中于窄光谱段，所以相对低压钠灯来说显色性略高，但 R_a 也只有 23-30，后续开发的高显色性的高压钠灯，其光效会相应有所降低，典型高压钠灯的结构及形制如图 2-3-24 所示。

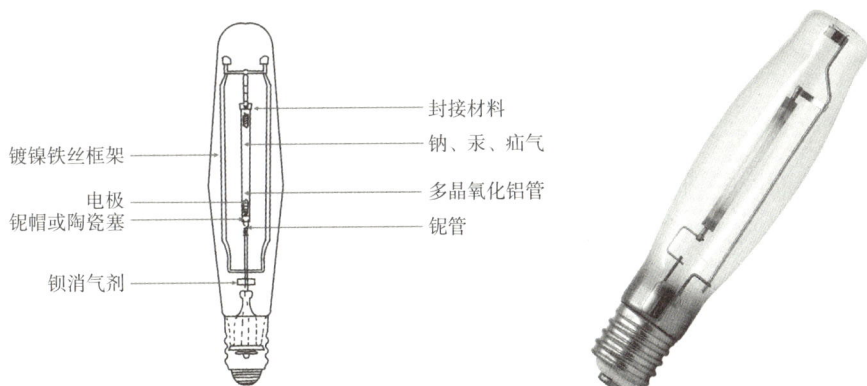

图 2-3-24 典型高压钠灯结构

高压钠灯的放电管与高压汞灯不同，材质不是石英玻璃而是半透明的陶瓷管，相比于石英放电管来说，陶瓷材料能够承受更高的工作温度，同时也能够抵抗钠蒸汽的腐蚀；放电管的外形也与高压汞灯、金卤灯等光源不同，一般为细长的管形，目的是减少光辐射的损失。

高压钠灯是一种高效的照明光源，广泛应用于城市道路、夜景照明、车站、广场及工矿企业照明（图 2-3-25）。因高压钠灯显色性仍然较低，不适合于室内一般场所的照明。

（3）金属卤化物灯。

金属卤化物灯（简称金卤灯）是基于高压汞灯和卤素灯的发光原理被研制出来的。

图 2-3-25 高压钠灯应用场所

金卤灯在高光效的基础上，比高压钠灯有更高的显色性。金卤灯的基本原理是将金属以卤化物的方式加入高压汞灯的电弧管中，使这些金属原子像汞一样电离、发光。汞弧放电决定了金卤灯的电性能和热损耗，而充入灯管内的金属卤化物的类别决定了灯的发光性能，所以金卤灯的结构形制与高压汞灯类似，普通金卤灯的放电管一般石英玻璃制成，按照金卤灯的适用类别不同，封装形制也有所区别，如直管型（T型）、椭球型（ED型）及管泡型（BT型）等（图2-3-26）。

图 2-3-26　不同封装形制的金卤灯

放电管内充入不同的金属卤化物，可以制成不同特性的光源，图 2-3-27 表示不同金属卤化物填充的金卤灯的光谱功率分布。

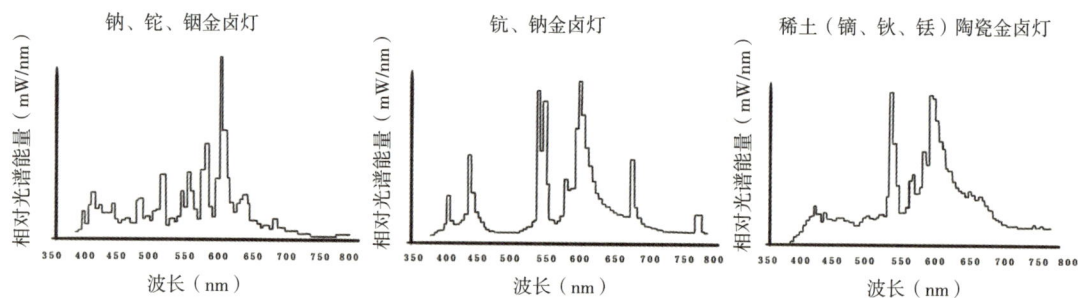

图 2-3-27　不同金属卤化物填充的金卤灯的光谱功率分布

不同金属卤化物灯特性适用于不同的场所，如表 2-3-1 所示。

表 2-3-1　各类金属卤化物灯特性与适用场所

金属卤化物	光效 lm/W	色温（T_c）K	R_a	适用场所
钠、铊、铟	70～80	3800～4200	70～75	常用于一般照明
钪、钠	90～100	3600～4200	60～70	道路、商场照明、工业厂房
镝、钬、铥	70～80	3800～5600	80～95	电视、体育场、礼堂等高显色性要求场所
锡、铝	50～60	色温容易随管壁温度变化，光色一致性差	90	更高显色性要求的特殊场所

为了进一步改善金卤灯的性能，把一般金卤灯放电管的石英玻璃材质改为高透射比、耐高温的陶瓷材质，可以使得管内金属卤化物得到充分蒸发放电，从而进一步提高发光效率及显色性，即 20 世纪末到 21 世纪初广泛应用于商业领域的陶瓷金卤灯，如图 2-3-28 所示。

（三）电致发光光源

电致发光又称场致发光，可通俗地理解为通过外加电场使固态发光材料自身能量发生变化，多余的能量就以光的形式发出来，所以电致发光是电能直接转化为光能的现象（图 2-3-29）。

图 2-3-28 陶瓷金卤灯

图 2-3-29 电能转化为光类比示意图

电致发光光源可以分为高场与低场两种类别，高场电致发光需要较高的外加电压，是电场直接激励发光体内部电子和空穴结合发光（也称本征型），以 EL 冷光源为代表；低场电致发光仅需较低的外加电压，在固体材料内部一个叫 pn 结的部位通过注入载流子发光（也称为注入型），以 LED、OLED 为代表（图 2-3-30）。

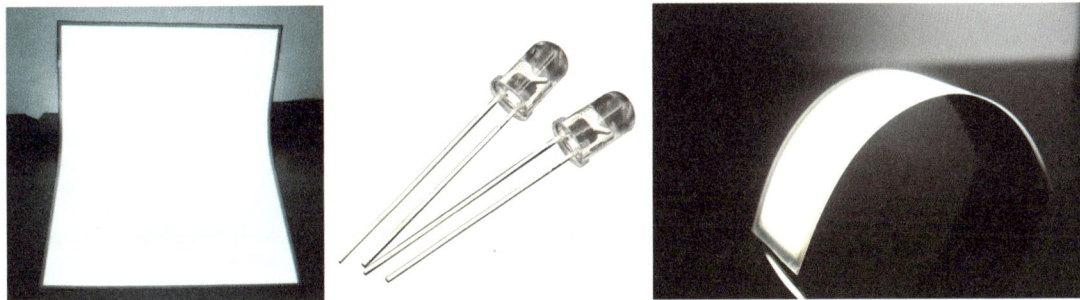

图 2-3-30 电致发光光源

1. EL 冷光源

EL（Electro Luminscent）即电激发光，EL 发光现象是 20 世纪 30 年代由德国科学家德斯特里亚（Destria）博士发现，主要是通过两极间的交流电压产生电场，电场中高速运动的电子激发发光材料（硫化锌等）内部粒子产生跃迁、变化、复合从而发光，发光原理可直观地表达为电能直接转化为光能的过程，相对于热辐射等光源来说，产生光的过程不产生多余的热量，所以称为"冷光"光源。

EL 冷光源主要包括冷光板（片）与冷光线两种，冷光板因其轻薄、无热量的特性主要应用于显示背光、仪器仪表、广告板等；EL 冷光线也称柔性发光线，一般直径在 5mm 以下，是由线性电芯（一般为铜）上面涂敷硫化锌等发光材料，再在该材料外部包覆电极，形成与 EL 冷光片相同的发光结构，如图 2-3-31 所示。EL 冷光线具有纤细小巧、便于造型及发光均匀柔和等优点，但整体亮度相对偏低，在艺术照明设计应用中，常用作霓虹灯、LED 灯带的替代品。

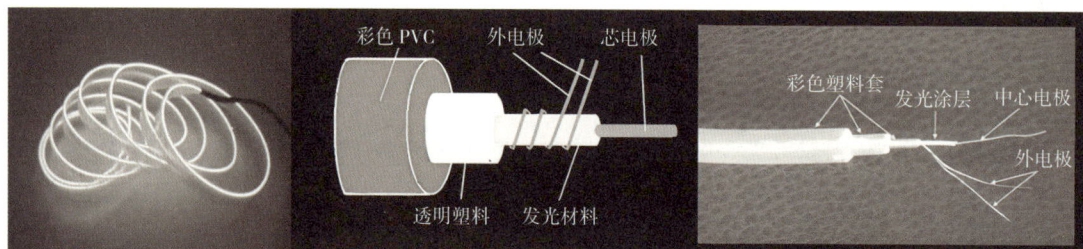

图 2-3-31　EL 冷光线结构

2. LED/OLED

LED（Light Emitting Diode）即发光二极管，属于半导体材料发光（图 2-3-32）。

LED 在照明领域的应用历史不长，从 20 世纪 50 年代英国科学家发明了第一个真正意义上的 LED 后，在之后几十年的商业化过程中，大部分 LED 的应用还是在指示、显示或者装饰性照明等领域。直到 20 世纪 90 年代高亮度蓝光芯片研制成功，才使得 LED 逐渐开始应用到通用照明市场（图 2-3-33）。

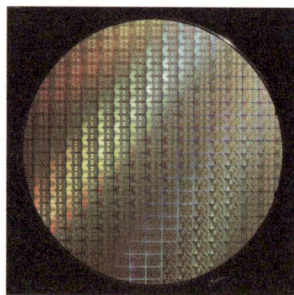

图 2-3-32　LED 芯片

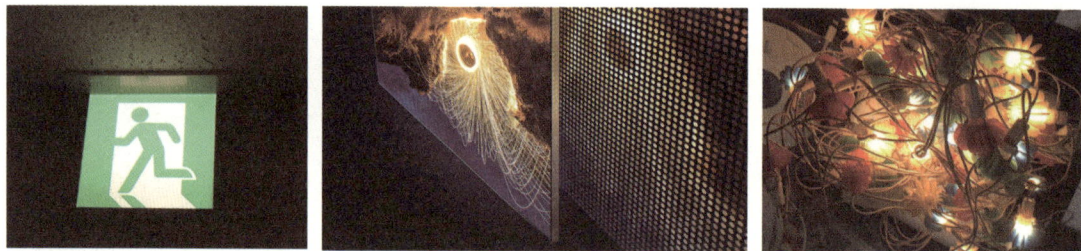

图 2-3-33　LED 光源的不同应用场景

（1）LED 的发光原理。

LED 是半导体材料制作而成，其发光部件是 LED 芯片，而 LED 芯片上的发光核心，则称为 PN 结。

通过对 PN 结的认识可以理解 LED 的发光原理。PN 结包括 P 型、N 型两种半导体，N 型半导体含有电子，P 型半导体不含有电子，这些不含有电子的部分可以理解为一个个的小洞（没有了电子后的空洞），叫作空穴，因为电子带负电，相应的"没有电子"的空穴就带正电。

如图 2-3-34 所示，P 型、N 型半导体被制造出来后，N 区因内含电子带负电，P 区因内含空穴带正电，材料的电流方向是由 P 区（＋）指向 N 区（－），如图 2-3-34（a）。根据同性相斥、异性相吸原理，在 P 型、N 型半导体的交界处，N 区带负电的电子容易跑去带正电的 P 区，占据了 P 区原有的空穴位置，所以 P 区原来的空穴变成了电子，N 区的电子离开原来的位置后变成空穴，如图 2-3-34（b）所示，P 型、N 型材料交界处红框所示部分即为 PN 结，在这个区域内，电子、空穴交换了位置，导致了其电流与材料整体电流方向相反，两电流相互抵消制约而达到平衡，使得电子、空穴不再移动，材料呈现稳定状态，此时的 PN 结相当于一个"屏障"（相当于能带原理中的禁带），挡住了电子空穴的结合。

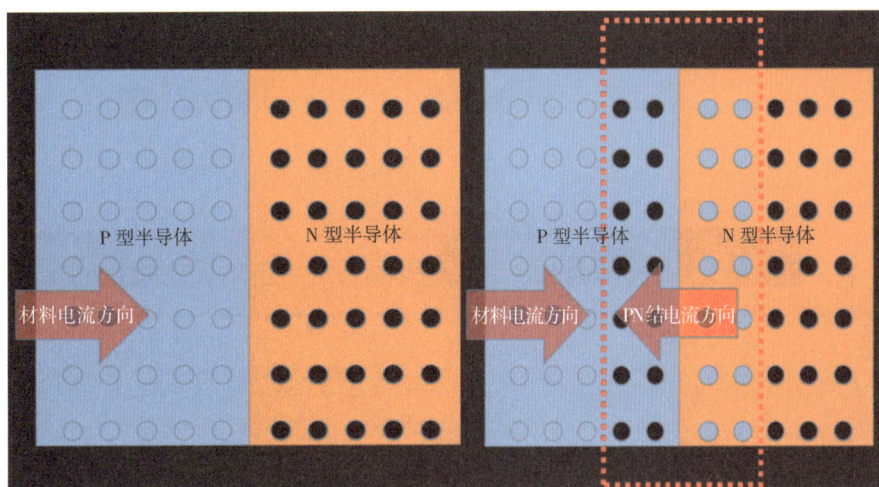

（a）PN 结内部电流

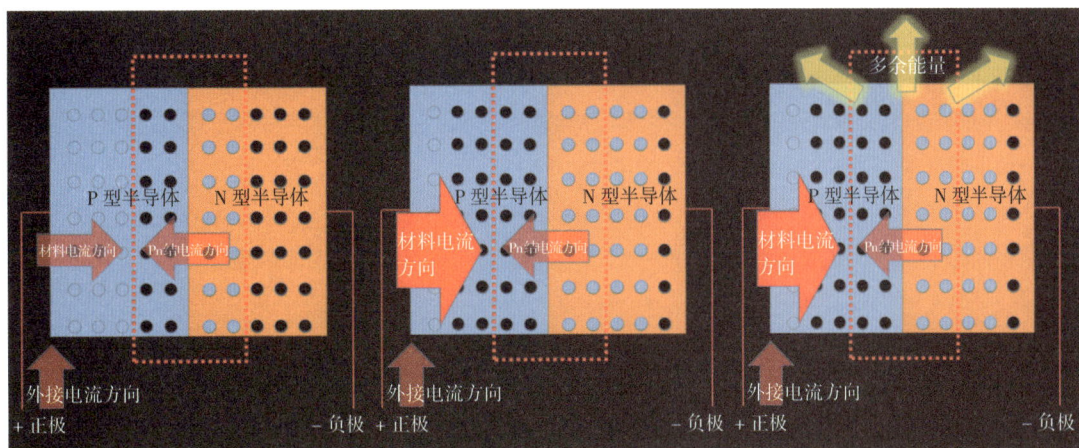

（b）PN 结发光过程

图 2-3-34 LED 发光原理

如果对稳定的半导体材料通电（外接电场），P 区接正极、N 区接负极，相应材料整体的电流被加强，原有的平衡被打破，N 型半导体中的电子又越过 PN 结的屏障作用开始向 P 型半导体区域扩散。这些原有能量较低的电子因为"跳过屏障"的原因而获得了较高的能量（从价带到达导带），它们也会把多余的能量以光的形式发出来，这就是 LED 的发光原理，而我们之所以能够看到 LED 发出不同色彩的光，是因为不同半导体材料的"屏障"强弱程度（禁带宽度）不同，所以在发生电子空穴跃迁复合的时候，会发出不同波长的光。

（2）制造 LED 的材料。

LED 主要是由含镓（Ga）、砷（As）、磷（P）、氮（N）等元素的化合物制成，如砷化镓（GaAs）、磷化镓（GaP）、磷砷化镓（GaAsP）等，这些化合物都是Ⅲ-Ⅴ族化学元素，图 2-3-35 表示了主要 LED 材料的发展历程。

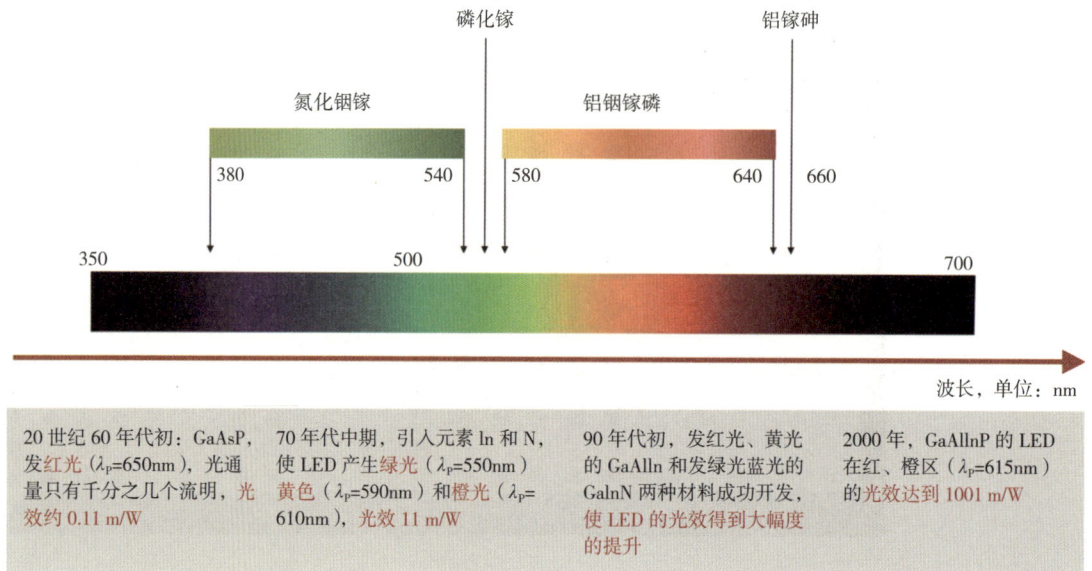

| 20 世纪 60 年代初：GaAsP，发红光（λ_P=650nm），光通量只有千分之几个流明，光效约 0.11 m/W | 70 年代中期，引入元素 In 和 N，使 LED 产生绿光（λ_P=550nm）黄色（λ_P=590nm）和橙光（λ_P=610nm），光效 11 m/W | 90 年代初，发红光、黄光的 GaAlln 和发绿光蓝光的 GalnN 两种材料成功开发，使 LED 的光效得到大幅度的提升 | 2000 年，GaAllnP 的 LED 在红、橙区（λ_P=615nm）的光效达到 1001 m/W |

图 2-3-35　制造 LED 材料的发展历程

除Ⅲ-Ⅴ族化合物半导体外，当然也有Ⅳ族半导体如硅（Si）、锗（Ge），这些不是由化合物制成的半导体称为元素半导体，也是电子电路中芯片的主要材料。

一般采用Ⅲ-Ⅴ族元素的化合物制作发光半导体（LED）而非Ⅳ族元素，通俗地说是因为Ⅲ-Ⅴ族化合物半导体中电子与空穴复合的难度没这么强（直接带隙），可以相对容易地因电子空穴跃迁而复合发光；而Ⅳ族元素半导体中电子与空穴复合的难度更大（间接带隙），不容易发光。

（3）LED 照明器具的制造过程。

LED 的制造涉及材料、化学、电子等大量专业知识内容，本书不做深入研究，只做常识性介绍。

从制备 LED 的原材料到 LED 照明器具是一个较为复杂的生产过程，其主要制造流程如图 2-3-36 所示。

① LED 芯片的制备。

a. 衬底。

衬底就是制作 LED 的发光核心——芯片的"基座"，即芯片最终是在衬底这个"基座"上通过特定的方法制造出来的（图 2-3-37）。不同衬底材料性质和表面形状对

上游

晶片：单晶棒（砷化镓、磷化镓）→单晶片衬底→在衬底上生
　　　长外延层→外延片
成品：单晶片、外延片

⇩

中游

制程：金属蒸镀→光罩腐蚀→热处理（正负电极制作）→
　　　切割→测试分选
成品：芯片

⇩

下游

封装：固晶→焊线→树脂封装→切脚→测试分选
成品：LED 灯珠、LED 贴片和组件

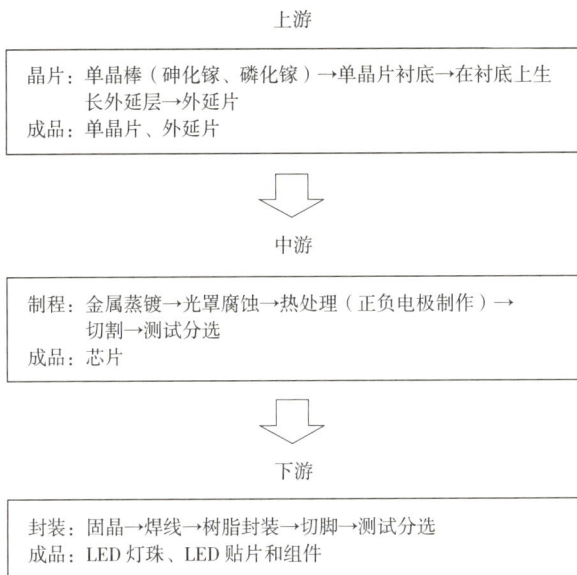

图 2-3-36　LED 制造流程及产业链划分

图 2-3-37　LED 芯片衬底

LED 芯片特性（如光色、亮度等）有很大的影响。

LED 主流衬底材料包括蓝宝石（Al_2O_3）、硅（Si）、碳化硅（SiC）、氮化镓（GaN）、砷化镓（GaAs）、氮化铝（AlN）等，知名美国 LED 企业科锐（CREE）制造的 LED 以碳化硅衬底材料为主；蓝宝石材料因技术的成熟性，是使用最为普遍的衬底材料，如日本日亚（NICHIA）、丰田合成（TOYODA GOSEI）、首尔半导体（Seoul Semiconductor）及欧洲的欧司朗（OSRAM）、流明（Lumileds）等公司均采用蓝宝石作为首选衬底材料；其他材料如硅、氮化铝等也有不同的公司采用，但相对蓝宝石、碳化硅来说市场占有率更小。

b. 外延片。

外延即"向外延伸"之意，外延片即在衬底这个"基座"上通过特定的方法"延伸、生长"出的一层薄膜。外延片为多层结构，是逐层堆积到材料上的，所以用"生长"来表述其生产过程，如图 2-3-38 所示。

外延片是制造 LED 芯片的基材，外延出来的薄膜基本是Ⅲ-Ⅴ族元素化合物。外延工艺的方法主要包括分子束外延（MBE）、金属有机气相沉积（MOCVD）及等离子化学气相沉积（PECVD）等。MBE、PEVCD 等生产设备存在诸如价格昂贵、生产效率不高等制约因素，所以目前一般商用外延片制备基本都采用 MOCVD 技术。

c. 芯片制作。

用于芯片制作的基材是外延片，所以在外延工艺完成后，就可以对外延片进行加工，使其变成 LED 芯片。外延片为多层薄膜结构，除发光核心 PN 结外，还有其他提高出光率的结构层，制作芯片就是通过光刻、蚀刻等复杂工序，在外延片上制作电极（LED 芯片与外界电气连接的渠道），并对制作好电极的外延片进行切割变成单个的 LED 芯片。因不同衬底材料的特性不同（如导电性能），在不同衬底"基座"上"生

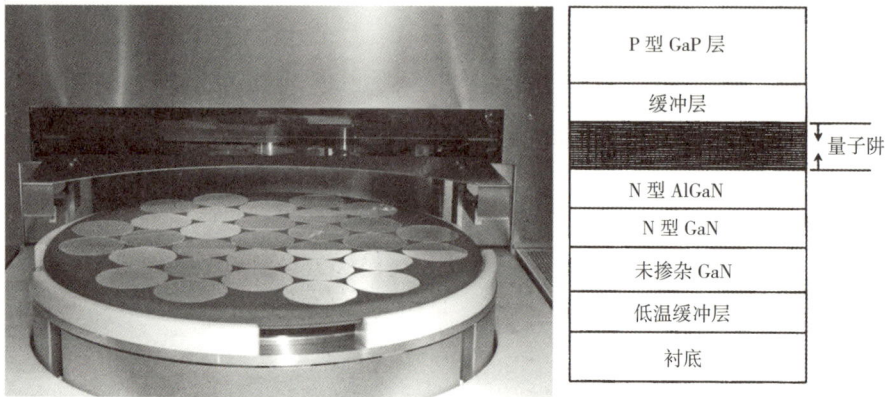

| P 型 GaP 层 |
| 缓冲层 |
| 量子阱 |
| N 型 AlGaN |
| N 型 GaN |
| 未掺杂 GaN |
| 低温缓冲层 |
| 衬底 |

图 2-3-38　外延片及其结构

长"的外延片的结构有所区别，所以制造出来的 LED 芯片也不同。

图 2-3-39 为利用蓝宝石、碳化硅衬底外延片制作的 LED 芯片结构图，可以看出蓝宝石衬底 LED 芯片的正、负电极都在同一侧表面，而碳化硅的正、负电极则位于上

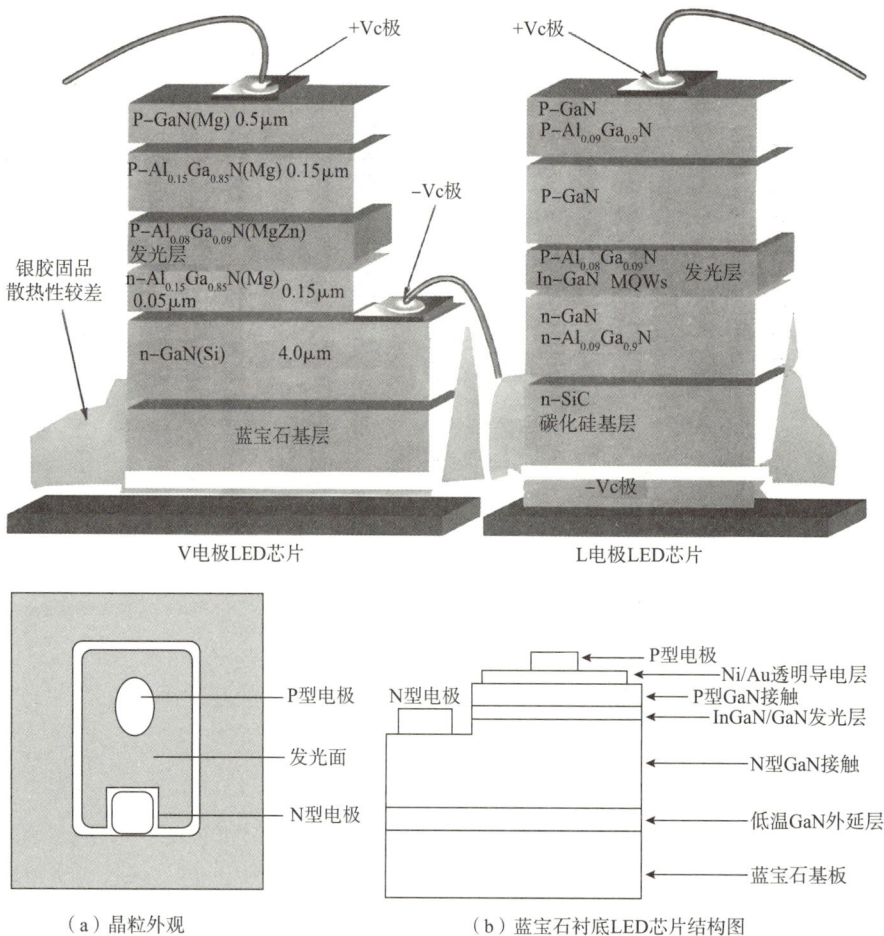

V电极LED芯片　　　　L电极LED芯片

（a）晶粒外观　　　　（b）蓝宝石衬底LED芯片结构图

图 2-3-39　蓝宝石衬底与碳化硅衬底制作的芯片对比

下对侧，这是因为衬底材料蓝宝石本身是一种绝缘材料无法导电，电极如果位于上下两端则无法形成导通，所以只能在外延层上做电极，一定程度上减少了外延层中发光面的面积；碳化硅材料是良好的电、热导体，所以电极可以做到衬底材料上，正负电极呈上下结构，电流可以垂直流动，比较利于制造大功率器具。所以对于这两种衬底材料制备的 LED 芯片来说，蓝宝石 LED 芯片虽然因导热、发光面小、电流小等原因发光效率相对低，但其便于规模化生产，成本相对碳化硅更低，因此也是 LED 照明应用最为广泛的芯片衬底材料。

② LED 芯片的封装。

通过外延片制造出来的 LED 芯片尺寸非常小，一般单位用米尔（mil，即千分之一英寸）或微米（μm，即一百万分之一米）来表示。对于这样尺寸的发光器件来说，很难在实际照明器具中直接使用，所以需要把制造出来的芯片进行封装。封装流程的主要目的包括：

a. 保护 LED 芯片不受侵害、振动或冲击性损害；

b. 封装后的芯片便于与外界形成电气连接；

c. 通过封装材料的光学特性及针对性设计，可提升 LED 芯片的出光效率。

LED 芯片的封装形式较多，封装技术还在不断更新发展，常见的封装类别包括引脚型（Lamp）、表面贴装型（SMD）、功率型（Power）及板上芯片封装（Chips On Board，COB），如图 2-3-40 所示。

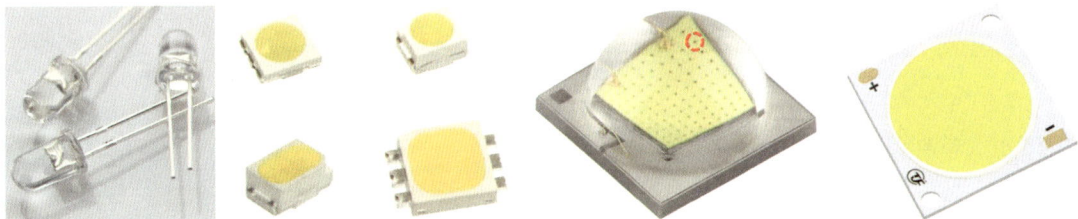

图 2-3-40　常见 LED 封装形式

从图 2-3-40 中板上芯片封装结构中虚线标记部分为 LED 芯片，可以看出其尺寸非常小，容易受外力损伤的同时还很难在上面焊线通电，所以封装可以理解为把 LED 芯片放置于一个类似"支架"的装置中保护起来，并由支架负责与外界进行电气连接，常见的贴片型 LED 封装结构如图 2-3-41 所示。

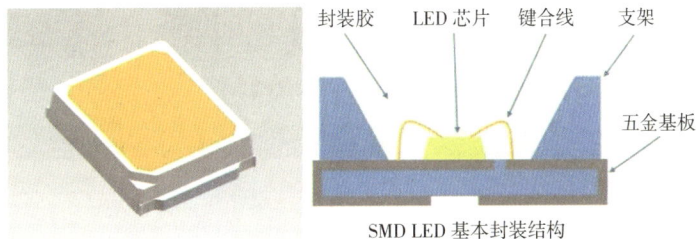

封装胶　LED 芯片　键合线　支架

五金基板

SMD LED 基本封装结构

图 2-3-41　SMD LED 封装结构图

由表面贴装型封装结构可看出，内部芯片是由很细的金属丝与支架进行了电气连接（连接到芯片的正负极上），然后再在芯片上覆盖封装材料，并在封装材料内掺入荧光粉（左图黄色部分即为荧光粉），作用是在保护芯片的同时，让荧光物质与LED芯片发出的单色光混合成白光。行业内常把封装好后的LED芯片称为"LED灯珠"，可直接用于LED照明器具的制造，即常见LED灯具内的"光源"。

③LED光源、灯具的制造。

虽然1996年日本日亚公司研制出了世界上第一支白光LED光源，但直到20世纪末，白光LED的光效最高才达到20lm/W左右，和白炽灯差不多，而成本却高了几十倍。在进入21世纪后，白光LED的效率发展突飞猛进，到2007年，欧司朗公司已经宣布研制出高亮度白光LED，光效130lm/W。

LED照明器具的种类繁多，且随着技术的进步还在不断地发展和创新中，在推广应用的初期，LED器具主要是延续或模仿传统光源或灯具，存在大量"光源+灯具"的组合形制，即光源与灯具可以分离，如图2-3-42所示。

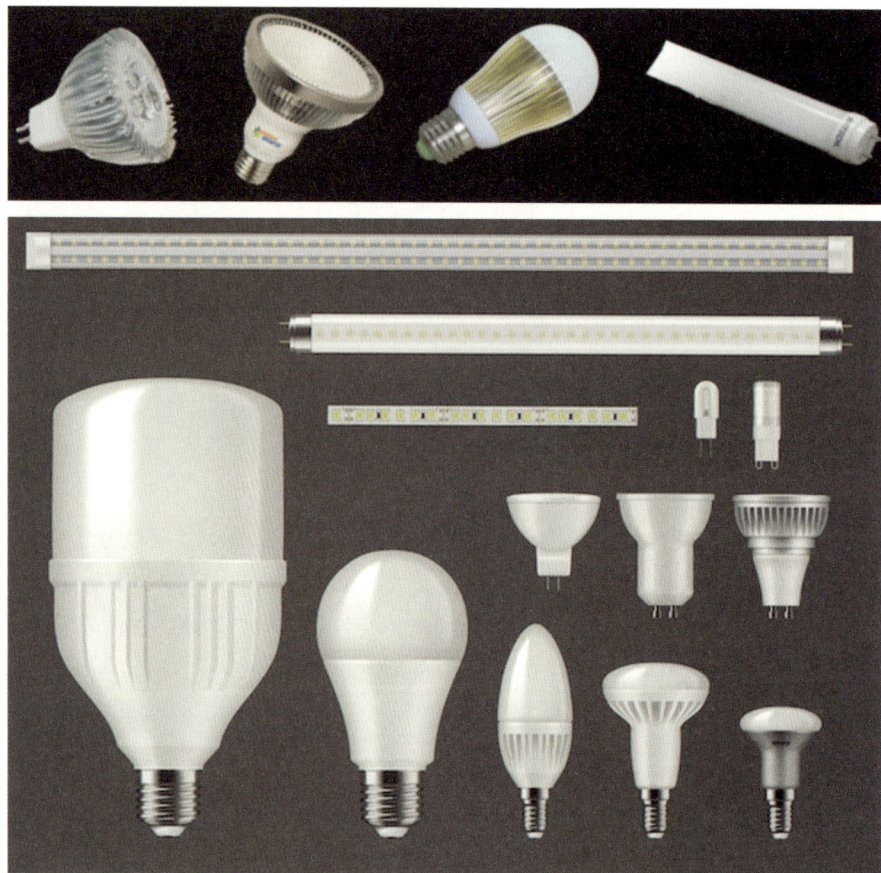

图2-3-42 仿传统照明形制LED光源

由于LED工作时不可能把消耗的所有电能都转化为光，部分能量仍然要转化为热量，热量对LED的发光效率影响较大，保证良好的散热对LED工作来说特别关键，因此，任何的 LED 照明器具均需要考虑散热需求。

图 2-3-43 为常见 LED 灯具热量传递路径，可看出因为需要把 LED 工作的热量导出去，所以一般会在光源后方设置散热器，这是 LED 器具最主要的散热方法，散热器的散热性能和其材质与散热面积有关。一般来说，LED 照明器具的热问题解决得越好，其性能表现越好。

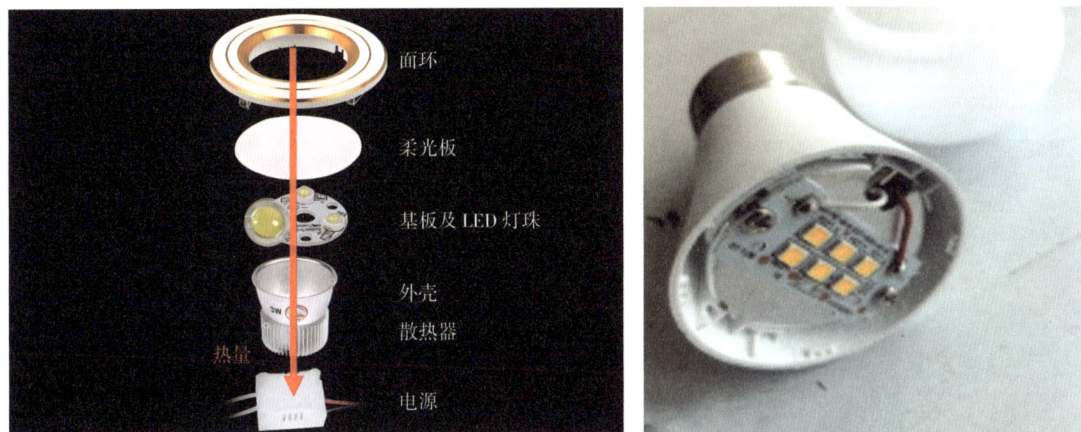

图 2-3-43 常见 LED 灯具热量传递路径

随着 LED 发光效率的大幅度提升，LED 照明器具的形态也在发生变化，越来越向着轻便化、小型化的方向发展，并逐步开始基于 LED 自身的光电特性演化出符合其自身特点的照明灯具产品。

图 2-3-44 为目前常见的 LED 灯具结构形制，仿传统照明的可分离式 LED 光源不再是主流，LED 灯具和光源合二为一，这时的 LED 光源就是直接放置于灯具内部的灯珠。LED 照明器具的结构形制朝着定制化、多样化及轻薄便捷的方向发展，相信未来

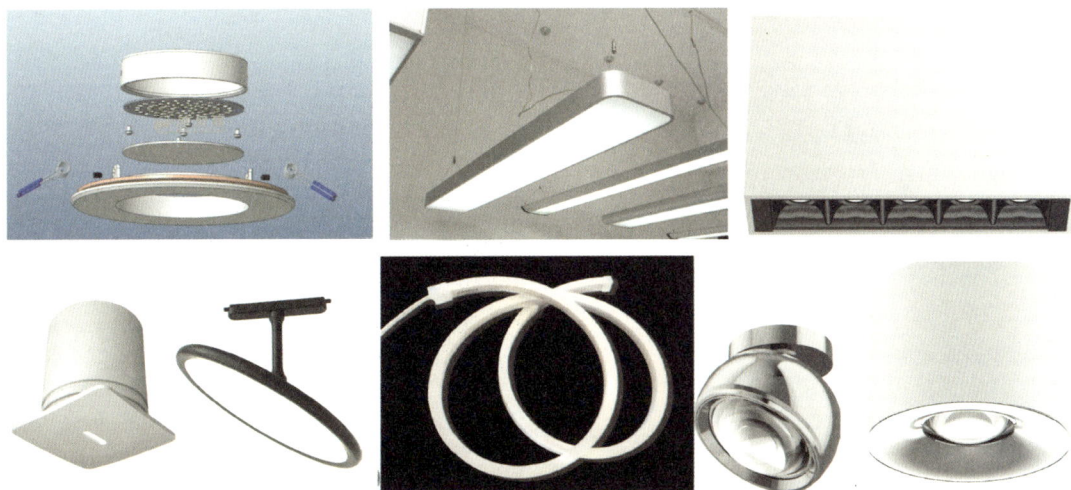

图 2-3-44 常见的 LED 灯具结构形制

将会有更多基于应用需求的创新型产品出现。

（4）白光 LED。

LED 芯片发光为窄光谱，即发出的光色在 380~780nm 的可见光范围内表现为单色光（不存在直接发出白光的芯片），所以单色的 LED 光源最开始应用于显示器、交通信号灯等方面，在 LED 进入通用照明领域后，开始对基于单色光 LED 制备白光光源提出需求，白光 LED 的获得方式主要包括 RGB 三原色 LED 混光及单光芯片激发荧光粉发光，目前一般 LED 器具白光获得方法主要是蓝光芯片激活红、黄、绿荧光粉，混合成为白光（图 2-3-45）。

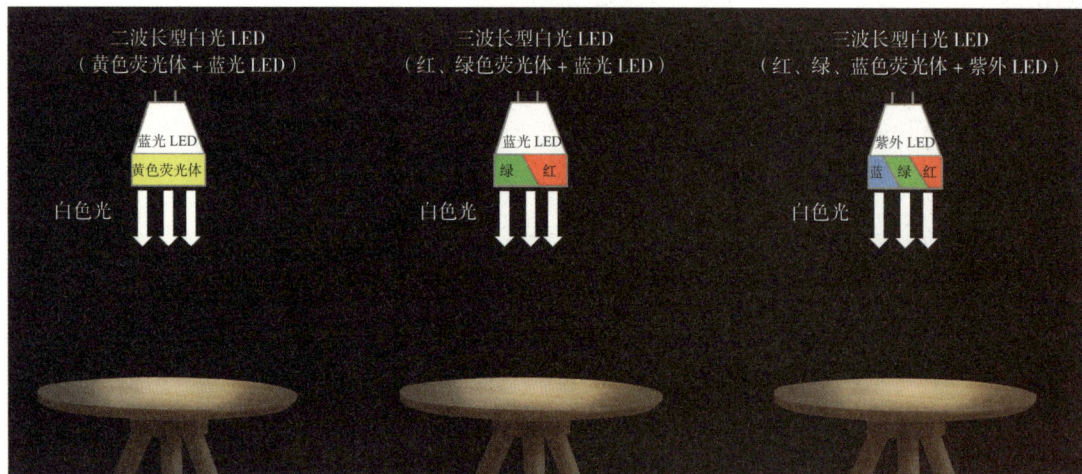

图 2-3-45　LED 器件白光的获得方式

（5）LED 的特点。

LED 属于电致发光，即电能直接转化为光能的光源，相比于传统热辐射、气体放电光源主要有如下的特点：

①寿命长。

LED 是电致固态发光光源，没有灯丝等消耗性附件，所以理论上 LED 芯片的寿命可达到 10 万小时，但 LED 芯片通过封装并制造成 LED 器具后，则包含了易耗部件，比如电源中的电容、封装结构中的荧光粉等，加之行业对 LED 照明器具的寿命定义还存在有效寿命及全寿命之分，所以 LED 器具的实际寿命是远低于 10 万小时的，随着 LED 制造技术的不断进步，LED 器具寿命也将进一步提升。

②指向性强。

与传统光源的体发光不同，LED 实际为面发光光源（图 2-3-46），所以 LED 出光比传统光源更为集中（指向性强），这也是 LED 最初用作指示照明的原因。

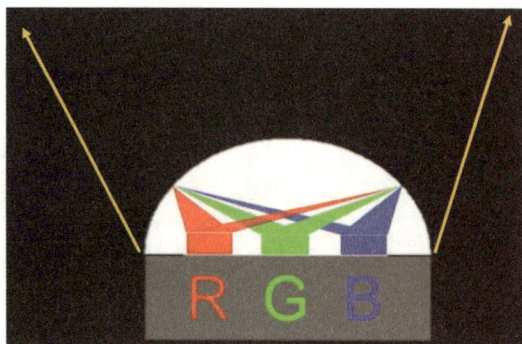

图 2-3-46　LED 光源的强指向性

③响应快，便于控制。

气体放电光源一般需要一定的启动时间才能达到最佳发光效率，且某些光源还对再启动有要求，相比之下，LED 光源的启动响应时间是毫秒级的，且可重复开关；同时，LED 可以直接与数字化调光、智能控制系统结合，可便捷、高效地实现各种调光效果需求。

④应用灵活。

LED 体积小，应用灵活，可基于不同应用需求匹配不同的照明器具形制，也是建筑化照明（光源与建筑空间构件结合的照明方式）应用的首选光源。

除此之外，LED 还有高效节能、安全及环保等特点，被业界普遍认为是目前主流的新一代照明光源。

第四节　视觉科学

一、智能艺术照明与视觉

人依靠眼睛观察事物、获得周边环境信息，"看"其实是通过眼睛所获得视觉信息的过程，所以眼睛是人的重要知觉器官，视觉就是通过进入眼睛的光刺激而产生的感觉。

图 2-4-1 为人眼结构图，照明设计应用无须深入了解眼球组成和生理构造，应关注其作为"感光器件"对人视觉的作用机理。人眼看到任何物体都是由该物体发出的光（或反射、透射的光）引起的视知觉。光由瞳孔进入，并经过水晶体、玻璃体最终落在视网膜上，到达视网膜前，都是光的传输、成像过程。

视网膜是人眼中"接受"光刺激的核心器官，原理类似于照相机中可以"感光"的底片，视网膜上布满了感光细胞，这些细胞接收光线，产生光刺激，并把光信息传输至视神经，再传至大脑，产生视觉。

艺术照明设计的主要内容是研究如何利用技术手段实现艺术与功能兼有的照明载体对象及空间环境，相较于一般照明设计来说，更强调通过美学思维表现光影色彩的方法，即"视觉呈现"是设计过程所需关注的重要内容。随着现代视觉科学理论及实践研究的进步，更多与视觉紧密相关的心理、生理因素研究对艺术照明设计

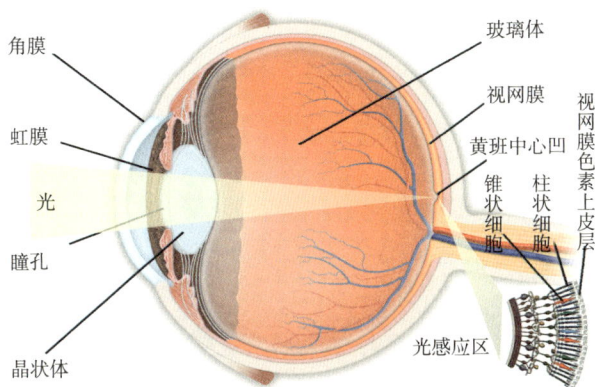

图 2-4-1　光进入人眼的路径

角膜
虹膜
光
瞳孔
晶状体
玻璃体
视网膜
黄斑中心凹
锥状细胞
柱状细胞
视网膜色素上皮层
光感应区

方法提出了新的要求。基于"科技 + 艺术"的复合属性，艺术照明设计在不同领域的实践过程中，针对功能、舒适及美学兼顾的设计内容，以不同技术手段实现定制化、多样化的视觉表现效果成为关键，同时也促进了照明控制、智能及智慧照明技术不断创新和发展。

　　智能照明的概念早在 20 世纪就已经存在，其主要关注的还是脱离于布线控制的无线通信技术的发展和照明控制方法的结合，比如现在应用较多的移动终端（手机、平板电脑）控制灯具开关、调光调色等。智慧照明则是植入人工智能的更进一步的技术革命，不仅仅是控制技术和通信方法的升级，而是真正具有识别、处理的智慧化照明控制技术。比如控制系统可根据环境、时间以及人的活动行为自动调节预设的艺术灯光场景，通过语音对话自动实现控制要求，又或者通过多样的交互方式展现照明艺术装置或场景化作品等（图 2-4-2），这些都是传统手动照明控制方式无法实现的需求。智能、智慧照明技术及手段是实现艺术照明视觉表现内容的重要因素和有力保障。

图 2-4-2　智能艺术照明场景

二、智能艺术照明与非视觉

　　传统以视觉感知为基础的理论认为，人眼视网膜内存在锥状、杆状两类感光细胞，这些感光细胞负责接收光刺激，并在视网膜上经历了一系列复杂的生化反应后被转化为电信号，再通过视神经由外侧膝状体核（Lateral Geniculate Nucleus，LGN）传递到大脑视觉皮层产生视觉。

　　传统意义上的照明设计被认为是用光来满足人们各种视觉需求的过程，即照明从根本上是以"看到"为出发点的。21 世纪以来视觉科学发展确立的非视觉效应表明，光同样可对人及动物的生物节律产生影响。所有动植物在大约以 24 小时的周期中表现出行为变化模式的一贯性，被称为生物节律（生物钟），2017 年诺贝尔生理学或医学奖颁发给了三位发现生物体昼夜节律分子机制的学者，生物节律对人类的重要性不言而喻。

　　2002 年，美国布朗大学的贝尔松（Berson）等人通过实验证实了视网膜中第三类感光细胞的存在，被称为内在光敏视网膜神经节细胞（intrinsically photosensitive Retinal Ganglion Cell，ipRGC），这类细胞虽然属于视网膜中的神经节细胞，但是和锥

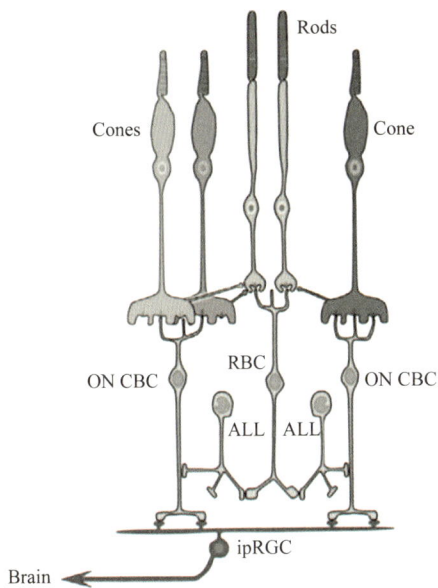

图 2-4-3　ipRGC 细胞结构

状、杆状细胞不同，它并不参与视觉感知的过程。

　　ipRGC 细胞接受光刺激后，内部具有光敏性的黑视蛋白（Melanopsin）会产生神经信号并传递到下丘脑前侧的视交叉上核（Suprachiasmatic Nucleus，SCN），该区域非常小且位于视交叉的上方，是调节生物节律的重要中央枢纽，光信号从 SCN 出来后，经过一系列传输通道最终到达分泌褪黑激素（Melatonin）的器官——松果体。褪黑激素是一种能够对睡眠质量、大脑认知、情绪控制等生理及心理方面产生作用的激素，其分泌情况可以直接影响人的生物节律（图 2-4-3）。

　　光的非视觉效应即通过非视觉感知的第三类感光细胞 ipRGC 产生的对生物节律的作用。当然锥状、杆状两种视觉感光细胞在一定的光刺激条件下同样会对 SCN 产生不同程度的影响，可以把 SCN 看作控制生物钟的核心，光对其有综合调节作用。因此，利用光照调节人体生理、心理状态成为可能，可产生对工作效率、睡眠质量、大脑认知以及情绪等方面的影响。

　　光可以通过不产生视觉的方式作用和影响生物体，因此，艺术照明设计不仅需要关注视觉感知，还应关注不同光照因素（光谱、光强度、照射时间等）对人的作用。比如对于一些兼顾功能性且具有较强主题表现需求的光艺术作品，可以通过沉浸式的光影手段，以"视觉 + 非视觉"的形式增强人们对作品的体验感；考虑光对大脑活动及情绪的调节，在保证功能性和艺术表现的前提下，基于不同空间场所的实际需求，定制相应照明手段和指标，最大程度提升人们对艺术化光环境氛围的感受性。

第三章

智能照明基础

照明控制系统的基本功能是控制灯具开关，随着需求的变化，智能控制技术还可以具备调节亮度、颜色等参数的能力，对降低能耗、提高照明效率、增强光环境舒适性和艺术表现力有积极的作用。

第一节　照明调光

一、概述

照明调光指照明光源按照外部或内部命令参数进行光输出（光度、色度参数）的调节，一般可分为连续调光和分档调光两类。连续调光也叫无级调光，即光输出可以有几百级分档，在调光过程中呈现平缓的渐变过程；分档调光也叫分段调光，由于分档数量少，所以在调光过程中光输出呈阶梯式变化，参数切换较为明显。

调光的主要目的之一是利用灯光变化实现不同的照明场景切换。通过明暗、色彩的搭配组合，可带来多样的心理感受和艺术氛围表达。

二、分类

照明调光技术根据控制方式可大致分为两大类，第一类为模拟调光，包括切相调光、0~10V/1~10V 调光；第二类为数字调光，包括脉冲宽度调制（PWM）、数字可寻址照明接口（DALI）、DMX512（Digital Multi-Plex）调光等。

（一）切相调光

1. 基本原理

切相调光器主要是通过切割正弦波的相位角来控制流向负载的电流，通俗理解就是通过减少供电来降低灯具设备有效电压，从而达到调光目的。

最早的热辐射光源调光基本为可控硅前沿切相调光，在调光周期时间结束时电压波形会产生从零突然跳高的情况，因此可控硅调光会因电压突变而出现电磁干扰（Electric-Magnetic Interference，EMI）问题，可能会对电网产生污染；半导体技术的进步使得 MOS 管后沿切相调光方式出现，能消除可控硅调光时发生的突然浪涌，一定程度上减少了电磁干扰的影响。

2. 特点

优点：切相调光跟常规照明开关布线方式差异不大，除安装相对简单外，还具有成熟稳定、兼容性强等优点。

缺点：可控硅调光破坏正弦波波形会降低功率因数值 PF（Power Factor），即影响照明光源出光效率；同时，应用于 LED 调光时，在低负载时容易因为维持电流不足而出现不受控或闪烁现象。

（二）0~10V/1~10V 调光

1. 基本原理

0~10V/1~10V 调光是最简单的照明调光方式，通过 0~10V 或 1~10V 的电压变化，改变电源输出电流，从而起到调节灯光的作用。在 10V 时，灯光在最大功率阶段工作，而在 0V 或 1V 时，灯光将变暗至其最低亮度，1~10V 调光与 0~10V 调光的区别在于启动和关断电压不同。

2. 特点

优点：0~10V/1~10V 调光方式具有应用简单、兼容性好、精度高的优点，可以同时负载多个灯具。

缺点：需要单独布线，相对布线成本提高，无法通过简单布线实现复杂的灯具控制效果。

（三）脉冲宽度调制（Pulse Width Modulation，PWM）调光

1. 基本原理

脉冲宽度调制调光是目前常用的 LED 调光技术。通过改变 LED 驱动电路中的脉冲宽度调制信号占空比（开启时间百分比），来控制 LED 的亮度。具体来说，LED 的开启和关闭速度比人眼可感知的要快。LED 的亮度大约与 LED 开启的时间百分比（占空比）成正比。LED 负载要么开启（在额定电流下），要么关闭。开启时间与关闭时间的比率决定了 LED 光源的亮度。

2. 特点

优点：响应快，可实现线性调光，调节范围广，相对精确，可匹配多样的调光要求。

缺点：可能会引起 LED 光源闪烁现象，尤其在低亮度时更为明显，可能会引起眼部疲劳、头痛等问题。

（四）数字可寻址照明接口（Digital Addressable Lighting Interface，DALI）调光

1. 基本原理

数字可寻址照明接口调光是一种数字式可寻址照明控制系统，每个可 DALI 控制的灯具都有唯一地址，DALI 控制器通过总线向灯具发送数字信号控制其亮度、开关等，控制信号是一个双向串行数字信号，每个灯具接收到信号后进行处理并返回确认信号，以保证数据传输的可靠性和正确性。DALI 调光系统可以实现独立调光、群组控制、场景设置等多种功能。

2. 特点

优点：灵活性高，可以实现单独、群组和场景控制；调光系统可以远程控制，提高了调光效率和便捷性。

缺点：需要额外的 DALI 控制器、匹配 DALI 系统的灯具和特殊设计 DALI 灯具驱

动电路，相对成本较高。

（五）DMX512（Digital Multiplex）调光

1. 基本原理

DMX 控制协议是美国剧院技术协会（United States Institute for Theatre Technology，USITT）于 1990 年发布的灯光控制器与灯具设备进行数据传输的工业标准，全称是 USITT DMX512（1990），DMX 是一种基于数字串行通信的照明控制方式，每个灯具都需要一个 DMX 地址，并且需要接收到 DMX 控制器发送的数字信号后才能控制其亮度和颜色等参数。DMX 控制信号由多个通道组成，每个通道代表一种参数，例如亮度、颜色等，通常每个通道为 8 位，即 256 个亮度等级，常见控制系统 DMX512 即表示可控制 512 通道（调光点）。控制信号采用 RS-485 标准协议进行传输。

2. 特点

优点：可实现亮度、颜色等多种参数控制；兼容性好，支持长距离传输，可以满足舞台灯光、夜景照明等控制应用场合，也是艺术照明设计创作中最常用的调光控制方式。

缺点：配置和调试对专业技能要求较高；由于传输带宽限制，无法实现高速数据传输和实时控制，从而存在延迟；当传输距离特别长时，仍存在信号衰减等情况。

第二节　照明控制协议

一、概述

照明控制协议指在智能照明系统中，用于控制照明设备、传输控制信号的通信协议。通俗地说，照明控制协议是一种通信规范，应用于照明控制系统，实现灯光的智能化控制和管理，智能照明系统通过控制器、传感器、网络等技术手段实现照明设备的自动化控制，而照明控制协议则是控制器与照明设备之间进行通信和传输控制信号的重要方式。

二、常见照明控制协议

除前述照明调光方式中的 DALI、DMX512 外，常见照明控制协议还包括 KNX（Konnex）、Zigbee、蓝牙（Bluetooth）及 Wi-Fi 等，这些协议也可以按照通信方式的类别，分为有线和无线两大类。

（一）KNX

20 世纪 90 年代初，欧洲的三大住宅和楼宇控制总线协议 EIB、BatiBus 和 EHS 三家组织成立了 Konnex 协会，并在 2002 年春推出了 KNX 标准。KNX 是 Konnex 的缩写，是被正式批准的住宅和楼宇控制领域的开放式国际标准。

KNX 使用总线拓扑结构，即所有的设备都连接在一个总线上，通过总线传输数据和控制信息。KNX 采用面向对象的编程模型，将不同的设备功能抽象为对象，使得不同类型的设备能够相互理解和协作。KNX 控制协议具有如下特点：

（1）分布式控制，即每个设备都具有处理控制命令的能力，不需要集中控制器。

（2）KNX 协议支持多种物理传输媒介，如电力线、无线电、以太网等，应用较为灵活。

（3）KNX 协议是一种国际标准协议，具有广泛的应用和支持，可实现不同厂家的设备互操作，具有通用性。

（4）应用专业性要求高，成本相对较高。

（二）Zigbee

Zigbee 协议是一项基于 IEEE802.15.4 无线标准研制开发的，关于组网、安全和应用软件方面的技术标准。Zigbee 协议的应用范围广泛，如智能家居、照明控制、物流和工业自动化等领域。Zigbee 控制协议具有如下特点：

（1）低功耗：使用低功耗射频技术，设备可以使用电池供电，并且可以长时间运行。

（2）低速率：数据传输速率较慢，最大传输速率为 250 kbps。

（3）组网：Zigbee 网络支持自组网，设备可以自动加入或退出网络。

（4）高可靠性：Zigbee 网络具有高可靠性，可以在高噪声环境下工作，并且具有自动重传和冗余路由的功能。

（5）低成本：使用低成本的射频芯片和微控制器，具有低成本的优势。

（三）蓝牙

蓝牙是一种支持设备短距离通信（一般 10m 内）的无线电技术，能在包括移动电话、掌上电脑、无线耳机、便携式计算机及相关外设等众多设备之间进行无线信息的交换。蓝牙通信的基本原理是设备依靠专用的蓝牙芯片在短距离范围内发送无线电信号来寻找另一个蓝牙设备，一旦找到，相互之间便开始通信、交换信息。蓝牙控制协议具有如下特点：

（1）蓝牙控制器可以与多个照明设备连接，形成一个局域网，用户可以在同一区域内通过一个应用程序控制多个照明设备。

（2）通常情况下，蓝牙设备的通信距离为 10m 左右，但通过增加发射功率，可以扩展到 100m 或更远。

（3）蓝牙设备间配对和连接过程相对简单，使用便捷。

（四）Wi-Fi

Wi-Fi（也常被写为 WIFI 或 Wifi）是一种短程无线传输技术，能够在数百米范围内支持互联网接入的无线电信号。它可以将个人计算机、手持设备（如平板电脑、手机等）等终端以无线方式互相连接。基于 Wi-Fi 协议的照明控制系统，通过将照明设备与 Wi-Fi 模块相连接，可实现远程控制。Wi-Fi 控制协议具有如下特点：

（1）远程控制：只要控制软件和照明设备连接到同一 Wi-Fi 网络中，就可以通过手机、平板电脑或电脑等设备远程控制照明设备。

（2）使用便捷、灵活性强：支持多种操作方式，如手动控制、定时控制、传感器自动控制等，用户可以通过控制软件调节照明设备的亮度、色温等参数，实现自定义的灯光效果。

（3）便于安装和扩展：安装简便，只需将 Wi-Fi 模块连接到照明设备上，并将照明设备连接到 Wi-Fi 网络中，即可实现远程控制。此外，Wi-Fi 照明控制还支持多设备联动，方便扩展和管理。

第三节　智能照明控制系统的应用及发展

一、智能照明系统的应用

智能化技术已广泛应用于民生、军事和国防领域，为人们的生活提供了极大便利，对全球经济的发展作出了重要贡献。随着技术的发展，智能照明控制系统正在逐步取代传统照明控制方式，进而推动新型照明技术的发展。无论是室内照明还是室外照明，智能照明都可以实现更便捷的管理，降低能耗，符合环保节能、绿色照明的应用理念。智能照明控制系统在国内外的应用已经取得了显著的发展，广泛应用于家庭、商业、公共场所等不同领域。

（一）家居照明

国内外的家庭智能照明市场已经逐渐成熟，较多企业都推出了各种智能照明产品。用户可以通过手机 APP、智能音箱等设备远程控制家中的照明设备，实现定时开关、调节亮度、色温等功能。同时，家庭智能照明控制系统可以与其他智能家居设备（如安防、空调、窗帘等）联动，实现更丰富的智能场景，如图 3-3-1 所示。

图 3-3-1　智能照明控制系统应用于家居照明

（二）商业照明

在购物中心、酒店等商业场所，智能照明控制系统可以实现照明设备的自动调节，以满足不同场景和需求。通过感应人员进入空间场所时自动开启照明，离开时自动关闭，更节能高效；此外，商业照明控制系统还可以根据场景和活动需求自动调节灯光的艺术效果，提升商业氛围，如图3-3-2所示。

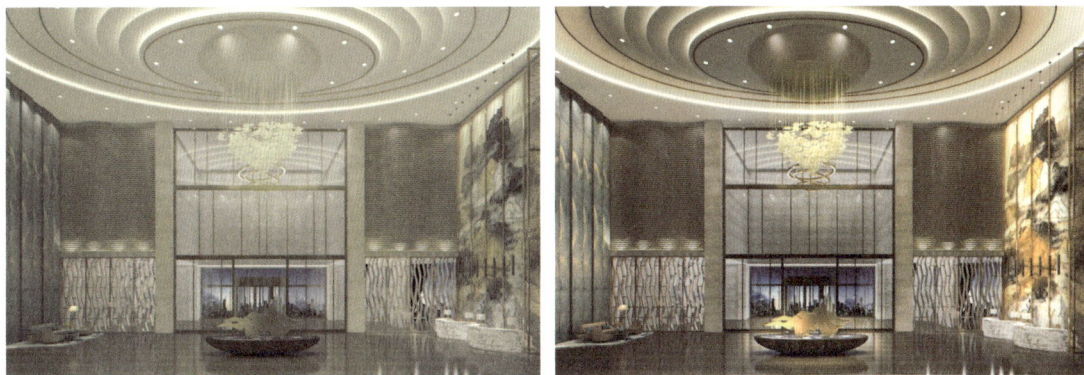

图 3-3-2　智能照明控制系统应用于酒店大堂

（三）城市公共空间

在国内外城市的街道、公园、广场等公共空间场所，智能照明控制系统已经实现了远程监控、故障报警、能源管理等功能。国内许多城市已经采用了智能路灯控制系统，可根据路况和天气情况自动调节路灯亮度，实现节能和安全的目的。智能照明控制系统还被广泛应用于公共建筑、学校、医院等场所，极大程度地提高了照明效率和品质。

（四）其他应用

智能照明控制还在工业、农业及医疗等功能需求为主的领域得到逐步应用。在工业场所中，智能照明控制系统可以根据生产需求自动调节照明设备，也可以与其他工业自动化设备联动，提高生产效率；在现代农业生产中，智能照明控制系统可以根据作物生长需求，实现光照参数的精确控制，如光强、光谱、光周期等，有助于提高农作物产量（图3-3-3）；在医院场所中，智能照明控制系统可以根据不同诊疗需求自动调节照明环境，除满足功能外还可以兼顾病患的心理健康调节。

二、发展趋势

（一）节能与环保

随着社会经济的快速发展和人们环保意识的提高，各个领域都在探索绿色节能的设计应用方法。智能照明控制系统在不断发展的同时，也需要满足照明质量的要求，并减少电能的消耗，以达到节能环保的目的。未来智能照明也会把继续提高能效，减少能源消耗和碳排放作为主要应用目标之一，新型高效照明材料和技术的研发也将进

图 3-3-3 智能照明控制系统应用于农业照明

一步推动节能照明产品的普及。此外，智能照明控制系统还可以实现精细化的能源管理，帮助用户分析和优化照明设备的使用。

（二）个性化发展

智能照明控制系统将朝着深度个性化和智能化的方向发展，能够根据用户的喜好、习惯和需求提供定制化的照明方案。例如，通过人工智能分析用户的生活习惯，自动调节家庭照明场景；或通过生物识别技术，为每个家庭成员提供个性化的照明设置。

（三）数据化发展

随着物联网、大数据技术的不断发展，智能照明控制系统的智能化水平将得到进一步提升，现代化的数据传感器和通信技术可以被应用于不同照明设备的管理平台，以将整个照明控制系统的智能化水平升级。通过对收集到的数据信息进行准确分析，并制定相应的环境参数，大数据处理技术可以用来获得相应的结果，以保证对照明自动化系统进行合理调节，达到节能降耗的目的。

（四）智慧化发展

照明控制将与人工智能结合，实现从智能到智慧的跨越式应用。未来智能照明控制系统的智能化水平将会不断提升，可实现与人工智能深度融合的控制模式，全网互联和灯具随意联接的可能性也将变得更高。智能网络接口将覆盖各种智能灯具和 LED 控制系统，通过设定程序和识别内部灯具信息，借助物联网、大数据实现对灯具的全覆盖、智慧化控制。

（五）助力健康

基于光生物效应、非视觉相关前沿研究理论及成果，未来的智能照明将结合健康关怀，实现更加人性化的照明应用。例如，控制系统可以根据人的生物节律需求自动调节色温和亮度，提供更加舒适的照明环境，同时还可以通过精准控制光输出，实现光疗愈等功能。

（六）无线化发展

智能照明控制系统的无线化发展趋势，主要是通过物联网、无线传感器、无线通信、移动终端和云计算技术的应用，实现照明控制的智能化、便捷化和高效化应用和管理。

第四章

艺术照明设计

第一节 城市夜景照明与艺术照明

一、定义

《城市夜景照明设计规范》（JGJ/T 163—2008）中对夜间景观和夜景照明分别作出了定义。

夜间景观：在夜间，通过自然光和灯光塑造的景观，简称夜景。

夜景照明：泛指除体育场地、建筑工地和道路照明等功能性照明外，所有室外公共活动空间或景物的夜间景观的照明，也称为景观照明（Landscape Lighting）。

根据定义可知，城市夜景照明与光影的艺术化表现有直接关系，即强调其其"非功能性"的特点。对于城市整体夜间景观风貌的构成来说，一些功能性照明为主的载体或区域，也是构成城市夜间景观环境的重要组成部分，如图 4-1-1 所示。

图 4-1-1 城市夜间景观环境

夜景照明在我国的城市照明建设发展过程中形成了多种称谓，如泛光工程、亮化工程、光彩工程等，这些都是由照明技术的不同发展阶段所决定的。如以传统光源为主的城市照明建设时期，除少部分"护栏管、数码管"等 LED 装饰性灯具外，夜景照明灯具一般以气体放电光源投射类灯具为主（金卤灯、高压钠灯等），这一时期的夜景照明设计总量较少，手法相对单一，所以用"泛光"这一照明方式代替了夜景照明项目建设名称，"泛光工程"的称谓由此而来。

LED 光源的普及使得城市夜景照明建设规模和形式多样性有了大幅度提升，全国范围内，从直辖市、省会城市、地级市甚至县级市，几乎都进行了不同程度的夜景照明建设。在城市夜景建设蓬勃发展的情况下，则应关注城市夜间风貌体现出的人文性、艺术性。中央"不忘初心、牢记使命"主题教育领导小组在 2019 年印发了《关于整治"景观亮化工程"过度化等"政绩工程""面子工程"问题的通知》，对城市夜景照明建设提出了更高的要求。

规模化、模式化的城市夜景照明设计容易产生诸如光污染、文化缺失、"千城一面"等问题，城市夜景照明可归纳到艺术照明设计范畴，城市艺术照明设计重点关注的是对光影和色彩的美学和人本表达。艺术本身是通过形象塑造来反映社会生活，表现思想感情的一种社会意识形态，所以城市艺术照明应是基于以人为本的思想，研究如何利用艺术手段介入城市照明的方法。

二、技术手段

照明光源的更迭换代及照明应用技术的涌现，使得更多的光艺术表现方式得以实现，人们对不同场所的光环境品质要求越来越高，光不仅是城市夜间建构筑物亮化的手段，也开始逐步成为城市中艺术创作和信息传递的新一代媒体。除城市夜景照明常见的投射类照明（泛光、洗墙等）、装饰照明（点、线等轮廓照明）及内透照明等方法相匹配的技术手段外，具有场景化、主题化或光色形态变化需求的光艺术形态需要借助更丰富多样的技术手段来实现。

（一）激光

激光的原理是通过受激辐射实现光扩大，激光的特点就是亮度高、光线集中、射程远、光色纯正容易控制。正是因为有这样的特点，激光在视觉上容易创造出较为刺激的光影变化效果，这是其他光源无法比拟的。

在城市艺术照明作品的创作过程中，激光一般可用于物体表面的光影表现或大面积的光影变化效果的呈现（云雾的天空、水雾或干雾、水体、山体等），所以激光灯常与各种造雾设备组合使用（图4-1-2）。

图 4-1-2　激光光影表现

虽然户外激光灯在 20 世纪末已经出现，但更多的还是应用于户外商业广告及舞台表演，随着户外激光灯技术的发展，可以实现多种色彩光束形态的变化，诸如单光束、多光束、扇形及"时空隧道"效果等。

（二）投影

投影可以理解为把影像内容以光的形式投射到物体表面的一种展示方式，光艺术设计实践中把投影大致分为投影灯具及投影机两种类别。

1. 投影灯

投影灯原理和传统幻灯机类似，即光源发出的光通过透镜汇聚到定制图案的透明灯片上（也称底片、菲林等），灯片基于不同色彩图案有不同的透光性，基于凸透镜成像原理，透过灯片的不同色彩的光最终在被照物体表面形成放大的图案（图 4-1-3）。

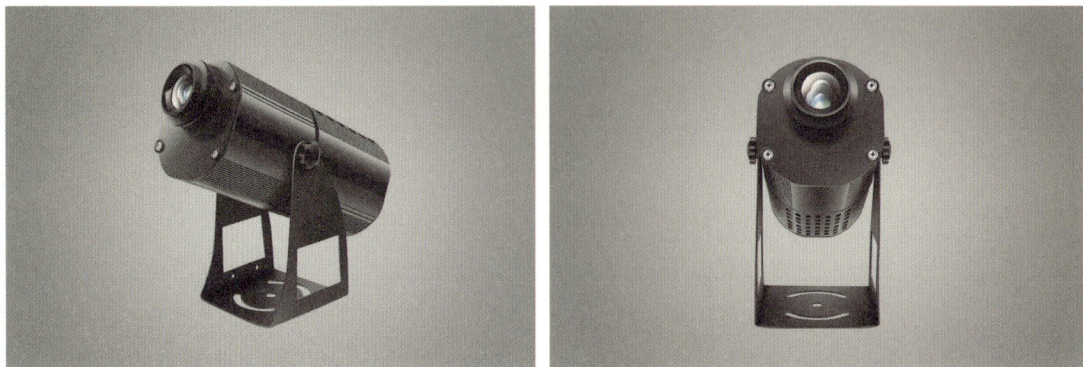

图 4-1-3　投影灯

　　投影灯最初广泛应用于商业广告领域，随着光源效率的提升及城市照明的需求拓展，各种可用于远距离投射和可变图像的大功率投影灯出现，即所谓工程投影灯，这些灯具除投射距离和照射面积的大幅提升外，还可通过灯体内部机械装置与光学系统结合，以实时改变灯片位置、出光形态等方式，基于设计需求形成诸如水纹、火焰、星光等定制化动态效果，如图 4-1-4 所示。

图 4-1-4　户外工程投影灯的运用

　　2. 户外工程投影机（仪）

　　总的来说，投影机的成像方式与投影灯相似，都是通过光投射到物体表面形成图像，区别在于投影机具有比投影灯"光照＋灯片"的单一结构更为复杂的图像处理系统，简言之即投影机可以直接输出动态影像。按照成像的原理，主流投影机可以分为 LCD、DLP 两种类别。

　　LCD（Liquid Crvstal Display）即液晶显示，成像原理和液晶电视相似，依然是"光源＋液晶面板"的结构，只是最后液晶面板出光再通过成像透镜把影像投射到目标表面；DLP 为数字光处理，核心结构是"光源＋DMD 器件"，DMD 是美国德州仪器开发的一种数字微镜元件，可以理解集合了数量众多微小镜片的装置，每个镜片对应投影内容的一个像素，可以通过控制每个镜片的反射光方向来决定该像素的明暗。

投影机最初是应用于室内投影、电影放映等，随着光源亮度的不断提升，使得投影仪在户外场景的使用成为可能，加之城市公共艺术、新媒体艺术的发展对大场景尺度的动态影像灯光的需求，户外工程投影机应运而生。户外工程投影机和常见普通投影机的原理相同，只是在光源亮度上有较大差距，目前常见用于户外工程投影机的光通量可达近 8 万 lm，而普通家用投影仪仅有几千 lm。

在日益兴起的文旅照明、灯光秀的带动下，"3DMapping"一词频繁出现在各种演绎性的灯光场景中，所谓 3DMapping 也是投影的一种形式。Mapping 为投影之意，而所谓的"3D"，即把城市中建构筑物等对象表面作为显示影像的载体（等同于投影幕布），而投射的内容基于载体对象的不同结构形态而做定制化设计，形成投射影像与载体融合的 3D 立体和视错觉感知。如常见的建筑物立面 3DMapping，把建筑外立面的柱、窗、墙及其他结构件分割为不同的投影区域（划分幕布），基于主题表达进行相应的投影内容设计，可在建筑表面形成类似"结构变形""空间扭曲"等极具视觉冲击力和空间立体感的影像内容。3DMapping 已经成为节庆、重大赛事和活动中艺术光影展示的重要手段，如图 4-1-5 所示。

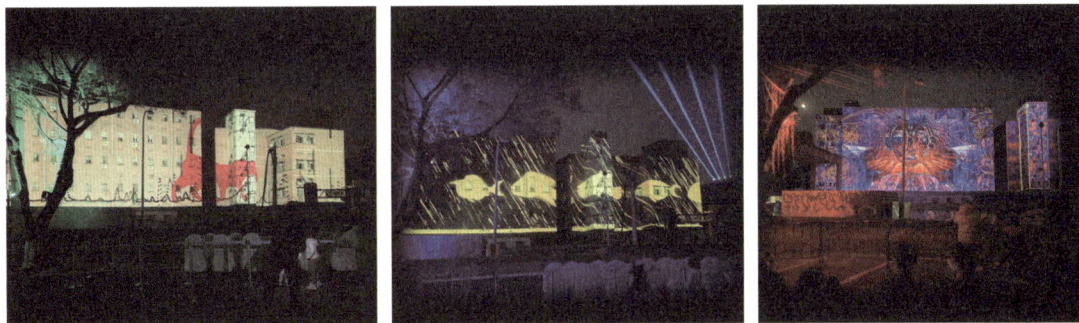

图 4-1-5 2022 重庆国际光影艺术节 3DMapping 展示

3. 互动投影设备

互动投影是工程投影的一个分支，区别在于互动投影可以基于环境因素相应地改变投影内容，基本原理就是利用感应设备（摄像头、红外线感应器等）捕捉环境变量（比如人的位置、动作或声音等），并把场景中该变量对应的位置实时反馈到多媒体计算机，计算机基于预设的影像变化方式，触发场景中变量位置的投影图像，这就是"互动"的产生，可以类比把投影表面变成了可以交互的"触摸屏"，如图 4-1-6 所示。

互动投影可以观赏者的方式改影像内容，增强了体验感，在较多需要烘托氛围、聚集人气的商业户外空间有较多的应用，当然互动投影也常用于一些场景化、沉浸式的光影艺术作品中（图 4-1-7）。

（三）其他

除前述技术手段外，城市光艺术的实践中还不断出现新技术、新方法的应用和创新，如新光学材料、新的影像显示方法（VR、AR 及 MR 等），甚至以人工智能、智慧

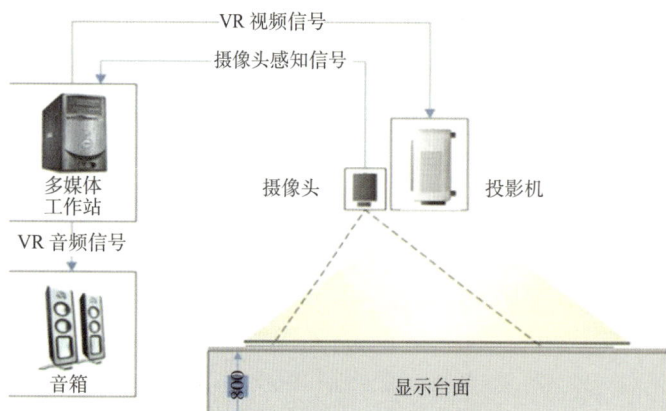

图 4-1-6　互动投影原理

图 4-1-7　teamLab 互动投影作品 *Interactive Magnetic Field*

城市、物联网为基础的区域性舞台化联动光影秀等。城市夜景照明中，所有以艺术表达为目的的光影形态，都源于艺术家、设计师对以某种视觉表达为基础的技术手段的创新应用。艺术与科技相辅相成，技术手段的持续进步更迭，将进一步提升城市光影艺术表现的多样性和表现力。

三、设计要点

　　城市在现代化过程中风貌形态变得越来越相似，依附于城市载体的功能性或非功能性照明，似乎有加剧这种现象的趋势。照明行业与学术界对城市照明存在的问题和发展方向进行了大量实践研究和讨论，针对城市照明"美感缺乏""手法雷同""文化流失"等问题提出了相应的解决办法和控制策略。

（一）载体与光的表现

　　城市照明设计应用实践中，可以把光艺术载体基于视觉呈现形态分为载体表现及光的表现两种类别，如图 4-1-8 所示。

（a）以表现载体为主　　　　　　　　　　　（b）以表现灯光为主

图 4-1-8　光艺术载体

　　载体表现主要是以在夜间呈现载体自身的结构美感、风貌肌理为目的；光的表现则更偏重依附于载体的光影、色彩的表现。

　　对于单一照明载体来说，表现载体或灯光应取决于设计者对其功能要求、外观材质、体量形制等要素的理解，两种处理方式并没有好坏之分；对于城市中的建构筑物群落及景观区域来说，照明表现方式的选择应综合考虑照明规划、区域设计主题及空间整体光环境氛围营造等因素。

　　无论是表现载体还是呈现光影，只是设计方法的异同，不同的条件背景应有不同的适用范围。如以表现载体为目标，载体自身的形态以及相应的功能、文化属性则显得至关重要，同时，对载体的选择也成为关键因素之一，即照明设计师需要确定载体是否适合进行形态形象的表达。照明设计实践中，受制于各种客观条件和因素，多数情况下，照明设计师很难参与到选择载体的过程当中；如以表现灯光为主，有时候可能仅因与载体形象欠佳或其他相关原因，有把载体作为背景或基座的光影表达需求，其实仍是不能完全脱离于载体的，即光影的表现是从另一个角度对载体形态特点、内涵底蕴的发掘，如果完全脱离载体进行所谓"艺术化光影"的表现，则可能会加剧对载体功能和文化属性的破坏（图 4-1-9）。

图 4-1-9　载体属性与光影表现的背离

（二）文化的保留需求

城市照明中的光本身不能产生"文化"，而是通过各种方式对载体所具有的文化属性进行表达或升华。某一种表现手段被过量模式化复制和规模化实施，也可能成为导致城市整体夜景风貌过于雷同的原因之一。对城市中某些规模化建造的载体来说，其本身文化属性已经很微弱，而如何用光影手段去发掘或创造文化表达是城市艺术照明设计的重要切入点（图4-1-10）。

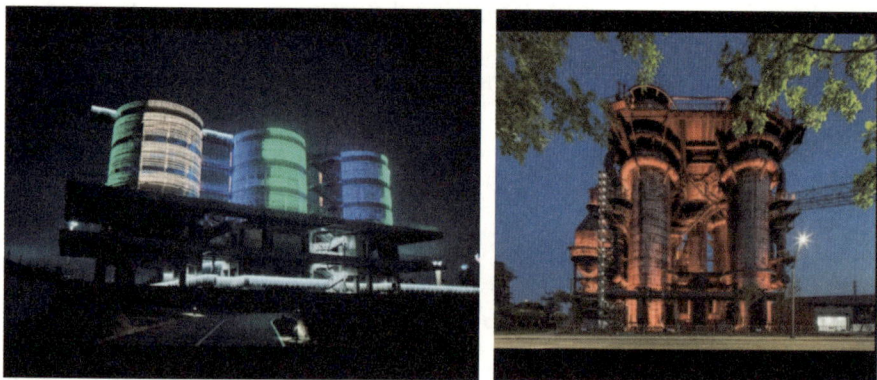

（a）上海杨浦电厂遗址公园　　　　　　　　（b）北京首钢遗址公园

图4-1-10　工业遗址艺术照明

技术的更迭使光影艺术可以在城市夜间环境中创造较强的吸引力和戏剧化的表现力，当大众对夜景的审美不再关注数量化、规模化的感官刺激时，又或城市、建构筑物在夜间需要体现出其独特内涵的时候，设计师会开始思考技术与艺术相结合的光影表现方法和创新应用，研究光艺术对于城市本体的文化保留或升华作用。

从视觉呈现方面来说，艺术照明设计的主要目标可理解为研究和分析光在载体表面形成的明暗、对比、过渡、层次、韵律、焦点等视觉效果所带来的心理感知和艺术感受，艺术化光影手段对城市中载体自身的文化属性是呈现、表达还是转化，都应基于设计师对照明对象的功能和人文属性的理解（图4-1-11）。

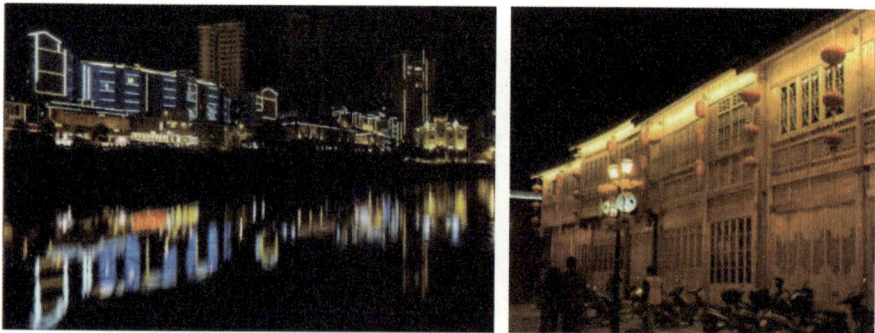

图4-1-11　光影表现与载体性质与功能不符

（三）以光为媒介的城市照明艺术表达

在受技术限制的时期，居民可以从城市亮起来的街区、色彩丰富的光影中获得安全感、幸福感；在社会经济发展、技术不断进步的情况下，城市照明建设规模迅速扩大，"亮"和"流光溢彩"则不能代表具有艺术性的照明设计属性，光这一元素作为一种媒介，开始有了传递信息、表达内涵和营造氛围的功能（图 4-1-12）。

图 4-1-12　2022 年首届重庆光影艺术节

　　城市中的光艺术，应是利用艺术与技术相结合的方法和手段创造出的、利用光这一元素传达和表现符合城市空间环境的文化、个性和美学精神的媒介。也可以理解为，包括与城市公共艺术紧密联系的、以光为主要视觉信息传达途径的对象，光作为一种可以影响和改变"场地"氛围从而表达某种"情感"的"材料"，可以是独立的装置或设备，也可以依附于建构筑物、绿植、水体甚至空间场所等载体（图 4-1-13）。

图 4-1-13　依附于不同载体的光艺术表现

　　城市中诸如商场、酒店等对商业氛围营造有需求的载体，基本也有相匹配照明手段和方法的建筑体量、结构等基础条件，对于一些不一定适合常规照明方法表现的载体（如外观形象欠佳或其他特殊要求），在进行艺术照明设计时则需要改变传统夜景照明设计的固有思维和方法手段。

　　光在装置艺术中起着重要作用，在国内有多种称谓的光艺术装置又常被等同于照明（光）艺术，除知名灯光节、重要庆典假日等场景外，又因其"临时""表演"的属性，似乎与常态化的城市景观照明并没有特别的联系，更多是以创造"网红"或"打卡"的焦点效应或营造烘托商业氛围而存在。随着技术发展而层出不穷的各种光影表现手段，不仅可促成极具视觉表现力的灯光艺术装置的实现，也为艺术化光影介入城市照明提供了支撑和构思拓展的可能。

　　城市艺术照明设计的目标应是在考虑功能属性、文化属性及在地属性的基础上，以光作为媒介表达载体夜间形态的艺术性；同时，城市光艺术不应被过多地限制在类别的划分上，而是需要通过不同技术手段的融合和转化，形成契合载体自身属性的光艺术形态和设计方法。

第二节　室内空间艺术照明设计

一、定义

（一）室内空间照明

室内空间照明涵盖多种类型，例如家居空间、展陈空间、商场室内空间照明，不同空间场所的照明设计都有相应的标准和规范要求。室内照明设计将光与室内空间中的软硬装进行融合，使照明成为一种必不可少的空间元素。良好的室内照明设计运用多元的艺术手法，考虑光影、色彩的协调性，在满足照明的前提下营造出宜人的光环境氛围，增加室内空间的美感，契合人们生理和心理的需求。

（二）室内空间艺术照明

室内空间艺术照明设计是室内空间中不可或缺的关键环节。随着视觉及艺术审美的日益提高，艺术与技术相互融合的灯光设计在室内艺术照明中尤为重要。室内设计开始考虑如何利用光与整体空间环境相结合，营造出独特的艺术风格，创造舒适的空间光环境。

艺术照明设计将灯具光源创造性地融入室内空间，使光成为艺术性表现的重要载体。设计师逐渐从单纯考虑照明技术的运用，转变为思考光的艺术内涵和表现形式，使不同室内空间场所的光影氛围呈现出独特的艺术风格。不同形态和颜色的光不仅照亮了空间，也可创造出兼具视觉审美和情绪价值的室内光环境。

如在住宅室内照明设计中，设计师需要在保证功能实现的前提下，通过运用不同的灯光照射方式、光色搭配以及光影的巧妙组合，创造舒适、宜人且兼顾美感的空间氛围。室内灯光作为一种"装饰材料"，在满足功能性的前提下，更需要注重艺术性的表现。

住宅空间中的不同功能区域对照明的需求各异。只有在设计中兼顾美观、符合人体工程学和满足使用需求的照明设计，才能真正体现出室内空间艺术照明设计的价值（图 4-2-1）。

二、艺术照明在室内空间中的表现手法

（一）利用光影塑造空间关系

光与影可以成为室内空间中直接的艺术表现手段。早在 17 世纪，牛顿在偶然间发

图 4-2-1　住宅室内照明设计

现并意识到光与影的艺术魅力：他让光线穿过窗帘上的裂缝，将一个三角棱镜置于光束照射处，光线转化成了多种颜色的光谱。从古至今，从东到西，艺术家们总是将光线视为人与自然沟通的重要媒介和基本的创作素材。

光可以照亮物体，而影子的产生则可塑造独特的形态。在中世纪的欧洲，光影被视为神力的体现，教堂建筑通常通过光影来展现和强化建筑空间的氛围表达。如哥特式教堂常通过阳光与大型玻璃花窗在室内营造变化丰富的色光。室内艺术照明设计中，光与影的处理方法可以是以光为主、光影融合，甚至以影子作为主要表现对象。如室内展陈空间中对一些不需要表现细节表面的物体（如粗陶器、铜器等），可以通过剪影的表现手法（即照亮背景）来表达物体的外形美感（图 4-2-2）。设计师需要通过光与影的多样、有机融合，表现出符合设计目标的视觉效果和艺术魅力。

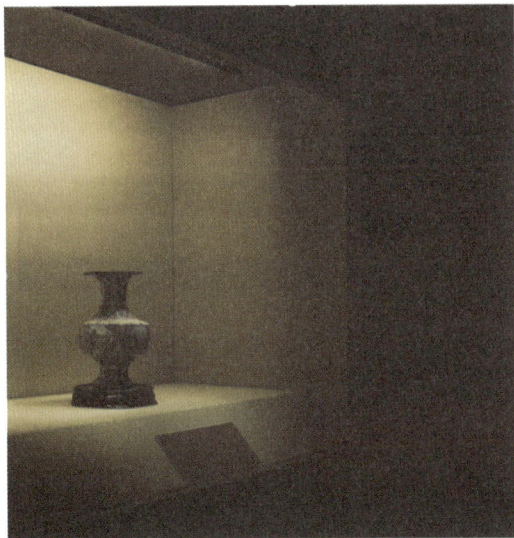

图 4-2-2　采用剪影照明手法表现展品

（二）利用灯光节奏营造室内空间氛围

在室内艺术照明设计中，光影关系经常以一种无形的方式表达出节奏感和韵律感。室内常见的光包括静态和动态两种。静态灯光通常通过布局方式、光斑形态和排列次序来体现节奏感，相较于动态灯光，这种节奏感是以不改变空间光环境氛围为前提的；动态灯光则具有更强烈的视觉表现力，常应用于舞台灯光、商业空间以及地标性建筑外立面等，能活跃氛围并吸引人们关注，然而，在小型室内空间中，动态灯光很少被用作主要的照明方式。

不同室内空间场景需要在满足相应功能的前提下表达艺术效果。例如，在公共建筑的大型空间中，采用规律统一的方式对某一种灯具进行线性布置，这是获得明暗节奏感相对简单的方式。当然也可以通过设计，把灯具按其他几何图形进行规律化布置，也可以在满足功能需求的前提下打破单调感，表现光影过渡的美感；同时，灯具的布置形态本身也可作为一种空间装饰物而存在。

（三）利用灯具表现艺术效果

灯具是照明设计的基本构成要素，除具备照明功能外，还可作为室内空间的装饰物。如在家居空间中，常见利用吊顶或开槽将灯具暗藏在天花中，利用光与墙面的反射，以间接光的形式呈现，这种也是典型的建筑化照明方法，即灯具形态与建筑结构的融合；再如许多高端住宅室内空间，常根据不同的室内设计风格选用具有装饰性的灯具进行照明，装饰性灯具的设计和选用与室内空间风格和功能需求的契合尤为重要。

（四）利用光色协调来实现良好光环境

光的色彩在室内空间的照明艺术氛围营造中扮演着重要角色，色温的协调可以较大程度提升室内光环境的舒适度。

在某些室内空间中，3000~3500K 暖色光能给人一种温暖舒适的感觉，5300K 以上偏冷色温的光则适合表现简洁、清爽的空间形象。色温可以为室内空间营造特定的氛围，不同的色彩还会引发不同的心理感受，如低色温的空间让人感觉空间更加紧凑，而高色温的空间则容易给人一种开阔、宽敞感。

室内空间光色选择首先需要考虑使用功能；其次，色彩的搭配应契合艺术审美表现的基本原则。在智能照明控制技术出现后，人们还可以根据个人喜好、工作环境特点来调节光色。设计师应基于照明场景需求，合理确定照明控制策略，以科学性和艺术性相结合的方式实现室内光色协调。

（五）利用光艺术提升室内空间品质

利用光的色彩、层次、虚实、节奏的多样形态呈现，可以创造契合生理及心理需求的视觉环境。不断迭代的技术手段融入光的艺术表达过程，可极大程度地丰富空间中人的视觉感知。

在室内光艺术设计过程中，应关注光与材质、色彩和空间的和谐统一，适当采用多样的、创新的艺术化灯光表现手段和方法，以塑造出美观、舒适且具有独特艺术表现力的室内空间，实现照明的功能性和舒适性的紧密融合，提升室内光环境的整体品质。

三、艺术照明在室内空间的应用

（一）家居空间

家居空间光环境应在满足功能和舒适的前提下，基于使用者个性化需求和装饰风格等条件，恰当地融入艺术性表达。

玄关、走廊等交通空间使用频次较高，应首先基于使用功能设计整体光环境的艺术氛围。如较多玄关设有鞋柜和收纳功能，除设置满足出入换鞋等基本需求的灯

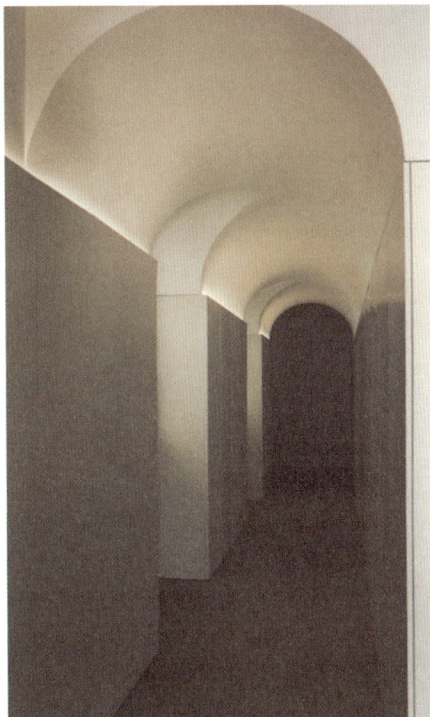

图 4-2-3　某住宅弧形走廊空间照明

光，也可根据空间形态在墙面与天花交界处采用间接照明，营造丰富的空间光影层次的同时也是对功能照明的补充。图 4-2-3 中的弧形走廊空间，利用弧形穹顶在一侧安装线条灯，通过反射的方法照亮空间，表现了弧形空间的美感，减少了视觉压抑感，巧妙地兼顾了艺术性和功能性问题。

卧室照明的主要目的是营造轻松、静谧的氛围，创造对缓解疲劳及情绪调节有积极作用的光环境。因此，设计卧室照明时更应关注人的主观需求，即以人为本的原则。人的情绪等主观感受同样会受到视觉感知的影响，把艺术化的光影手段融入卧室照明，结合智能照明控制技术能使人的心理（审美）、生理（艺术疗愈、非视觉调节）的多样化需求得以满足。

餐厅的艺术照明首先应考虑空间形态和装饰风格等。如层高较低的情况下，按照常规方式选用悬挂灯具可能会产生压抑感；也可根据需要设置氛围灯具，如壁灯、射灯等，善用间接照明创造出柔和的光，为用餐氛围增添舒适的艺术体验。色彩的运用同样重要，不同的色温和色彩灯光可以创造不同的就餐心理感受。适当强度的暖灯光可以营造出温馨浪漫的用餐氛围，冷色光则可以在一定条件下（如夏季）带来清爽感，结合智能调光，可根据餐厅整体风格和个人喜好，适应不同场景和需要。

起居室（客厅）是家居空间的核心，具有丰富的功能性，艺术照明设计通常采用多种照明方式的结合。图 4-2-4 中，起居室采用了轨道射灯进行局部照明，满足阅读、交流等功能需求的同时又可作为重点照明增加空间的光影层次，这也是无主灯设计的一般手法，即把光"化整为零"后进行"按需分配"。起居室中可能存在需要突显的装

图 4-2-4　某住宅起居室照明

119

饰物或区域，如书架、画作或装饰墙等。可以利用射灯、灯带来突出这些重点区域，当然也可以选择把外形多变的 LED 灯具自身作为装饰物置入空间中（如天际线钢带灯、踢脚线灯等结构化灯具），创造出独特的视觉效果。采用智能照明控制可让灯光契合起居室的不同场景，使家庭成员能够根据自身需要调整灯光的亮度、分布和色温。

（二）展陈空间

展陈空间艺术照明设计旨在赋予光影以艺术表现力，使展品通过光影塑造实现更佳的视觉效果和价值表达。通过设计灯光的布局和方向，在强调和突显展品的同时，基于其自身的特质创造出不同的氛围和情绪，使观众在精心设计的空间中更加自然地专注于细节和特色。设计师常通过运用灯光的投射和阴影效果，在展览空间中营造出丰富的层次感和立体感，结合间接照明、氛围照明等多种照明方法，可以自然地将展览空间进行划分，给观众观展带来流动的、变化的独特视觉体验。

艺术照明还可以与展览的主题和内容相结合。通过选用特定的照明设备和效果，将观众带入展览所传达的情境之中。如使用暖色调的灯光可以营造出温暖、亲切的氛围，适合展示具有温情主题的艺术作品；而使用冷色调的灯光则可以营造出冷峻、严肃的氛围，适合展示现代艺术作品。

展陈空间的光艺术设计也需要考虑观众的舒适度和视觉疲劳问题。过亮或过暗的照明都可能影响观众的观展体验，因此需要根据展览的具体情况和观众的需求进行合理的调整。同时，还应根据展陈空间的定位，考虑灯光与特殊展品保护的需求。

在展陈空间中，可充分利用各种载体进行艺术光影形态创作，如饰面材料、色彩肌理及展品本身的形态和颜色等。如光与展陈空间大量存在的玻璃材质的巧妙结合，能表现出空间环境的轻盈和通透感；以石材、铜、铁等金属为主要材质的展品，可用强化光影对比的手法，重点表现其肌理的立体感和体量的厚重感；一些主要营造主题氛围的特殊展馆利用空间饰面材料与光的作用营造弱对比的微弱光线，呈现一种寂静、苍凉的氛围。

展陈空间一般有多变的空间布局要求，亮暗结合与明暗空间对比的可变光环境氛围可使观者更易通过视觉和心理体验感知展品价值。展陈空间中的光形态常采用"点线面"三种基本形式。如图 4-2-5 所示，在草间弥生的个人展览中，艺术化的点光得到了最大的利用。艺术家以黑白波点覆盖整个空间，创作出"圆点执念"空间。"点"光作为室内展陈空间艺术表现的基本元素，有助于产生视觉焦点效应，空间中灵活布局的多点光，也可实现从点到面的自然过渡、协调统一。

图 4-2-5 《圆点执念——渴望天堂的爱》，草间弥生

"线"光能在展陈空间中强化视觉的方向性和指向性。不同的线形可为观者带来不同的空间感受。

如上海宝龙美术馆的"RONG·源"空间艺术展大量采用了线光源。曲线光可赋予空间灵动性，而直线光则可展现灯光的穿透力和空间张力（图4-2-6）。

（a）曲线的线性光　　　　　　　　　　　　　　　　（b）直线的线性光

图 4-2-6　"RONG·源"空间艺术展

"面"光在室内照明艺术中的应用相当广泛。展陈空间中的面光一般可用覆膜天花（发光天棚）、投光反射等方法产生，面光源能使空间区域的视觉效果更为统一，进而实现亮暗自然过渡的空间氛围。

在展陈空间中还可以把光以各种方式与展示道具、装置等载体进行创意融合，呈现多变的艺术场景、营造情境表达。这种方法打破了传统展陈空间照明设计思维，以创造多样、互动和沉浸体验为目标，为观者带来更佳的情感体验。

（三）商店空间

商店空间的艺术照明应用是现代商业设计中不可或缺的重要组成部分。良好的艺术照明设计可以为商店创造出令人愉悦的氛围，对完善空间功能、营造商业氛围、强化主题特色和树立品牌形象有重要推动作用。

艺术化的光影在商店空间应用的主要目标是氛围和情绪的营造。通过选择适当的照明方式和灯具，商店可以为顾客营造出温馨、时尚、浪漫或高雅的氛围。例如，在时尚品牌的商店中，使用明亮而集中的照明可以突出展示服装的细节和质感，同时营造出现代感。而在家居用品店中，柔和而温暖的照明则可以让顾客感受到舒适和温馨，更容易产生购买欲望。

在商业空间中的室内艺术照明设计，可巧妙地利用光影的递进关系，展现出契合商店空间购物路径的视觉引导。通过光影引入人流，将顾客的目光引导到特定的产品陈列区域；亮度和颜色的对比可创造出视觉焦点，使产品更加引人注目。利用跳变、节奏的光和色彩对比，又可使商店空间充满韵律和节奏感；明暗对比和分布可表现空间的主次关系，丰富视觉层次。商店空间的光艺术表现形式可以基于多样的主题化装饰风格呈现丰富的形态，如中岛、展架、橱窗的光影都可以融合新媒体艺术的表现形式进行创作（如光艺术装置、互动场景等），使购物空间更具交互和精神体验的功能。

121

第三节　照明艺术装置

一、光与装置艺术

照明艺术装置也常被称为光艺术装置，是指以光为主要表现手段的装置艺术形态。"装置"可被理解为一种非架上艺术类别。装置艺术是一种当代艺术形式，通过特定空间环境和人的参与，脱离于传统艺术的特定媒介，展示某种情绪和思想表达。照明技术的不断更新迭代使光影形式成为艺术装置的重要表现元素，丰富了艺术作品的视觉效果。

光具有多变的视觉形态，与装置结合可产生超越二维平面和传统审美方式的艺术表现力。最早利用光电手段制造的装置可以追溯到 1928 年，包豪斯艺术家莫霍利－纳吉（Moholy-Nagy）创作的《电动舞台上的光道具》（*Light Prop for an Electric Stage*），也被称为"光线空间调制器"（*Light-Space Modulator*），如图 4-3-1 所示。最初它被用于满足舞台灯光表现，随后成了进行各种光感实验的工具，推动了利用灯光进行装置艺术创作的潮流。

20 世纪中叶开始，利用光进行艺术创作达到了高潮，艺术家们不再局限于使用白炽灯泡，而是开始尝试结合霓虹灯、荧光灯与机械和传动装置进行艺术创作。这一时期，电气照明带来的城市、建筑空间的光环境氛围的巨大变化外，技术更迭使得光以装置为载体的艺术表现呈现出更为复杂的形式。

丹·弗莱文（Dan Flavin）是早期使用荧光灯管进行光装置创作的艺术家之一。他的创作从最初的灯泡雕塑

图 4-3-1 《电动舞台上的光道具》，莫霍利·纳吉

素描发展到后期仅采用商用荧光灯管进行系列作品的创作。弗莱文善于运用有限的光色和形态，通过块、面和带等形式来标记或建构空间。他的光艺术装置系列作品成为当时以场景化光影表达极简主义的代表，在光艺术装置的发展历史中占据重要的地位，也被誉为装置艺术的最早典范之一（图 4-3-2）。

布鲁斯·瑙曼（Bruce Nauman）是 20 世纪 60 年代以霓虹灯进行艺术创作的代表性艺术家之一。受达达主义和超现实主义的影响，他的作品中充满了各种挑衅和破坏的重复表现及强烈隐喻。观众的参与也成为他作品的重要组成部分，这使他的作品成为早期关注"互动"设计应用的灯光艺术作品之一（图 4-3-3）。

罗伯特·欧文（Robert Irwin）是美国南加州"光与空间运动"（Light and Space）

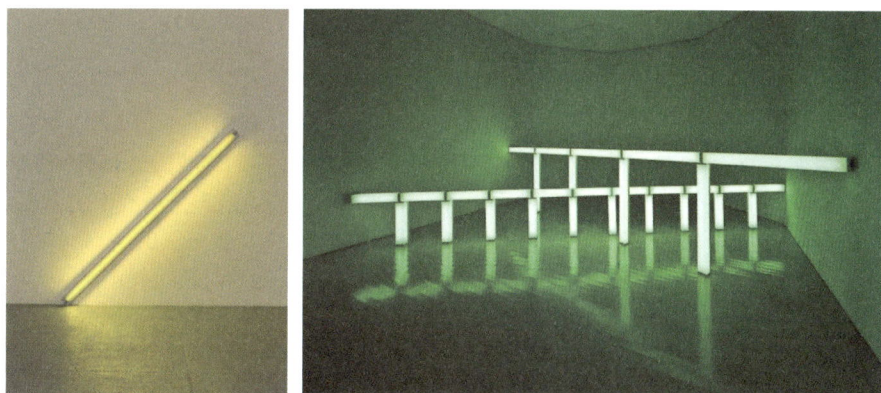

图 4-3-2 《1963 年 5 月 25 日的对角线》（左），《绿色交叉的绿色》（右），丹·弗莱文

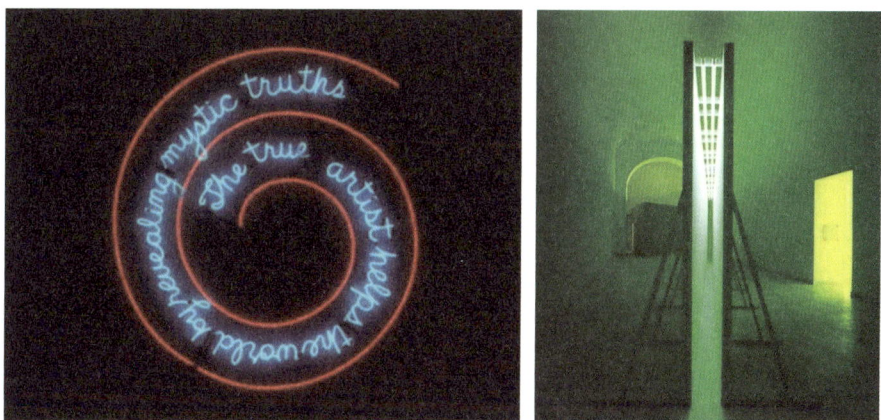

图 4-3-3 《真正的艺术家通过揭示神秘的真理来帮助世界》（左），《走廊—绿灯》（右），布鲁斯·瑙曼

的倡导者之一，他擅长将高科技材料与光影手段结合，打破了空间与艺术作品之间的界限，探索建筑空间中不同光的形态与人的多重感知。欧文为许多博物馆、美术馆等公共空间创造了艺术装置作品。

欧文创作的许多知名光艺术装置作品都具有超大规模或体量。例如，位于得克萨斯州的奇纳蒂基金会（The Chinati Foundation）的一个大型永久性装置《无题（黎明至黄昏）》（*Untitled Dawn to Dusk*）（图 4-3-4）。该作品位于一座废旧医院大楼，占地面积约为 929m²，耗费 15 年时间建成。欧文在建筑空间内部制造了亮、暗分区，并通过窗户和麻布的有序布置，让进入建筑内部的人们感知和思考不同的光影变化以及与空间的协调关系。

欧文从 20 世纪 70 年代开始使用荧光灯等电光源进行创作。他在 2021 年于柏林市中心一废弃热电厂改造的技术俱乐部 Tresor 中创作了其艺术生涯中最大的人造光源装置作品《光与空间（柏林电厂）》[*Light and*

图 4-3-4 《无题（黎明至黄昏）》，罗伯特·欧文

Space（*Kraftwerk Berlin*）]（图 4-3-5），他采用了白色与蓝色荧光灯管在 16m×16m 的巨大墙面上创造了富有律动的抽象图案，给观者带来了一种前所未有的沉浸式感知体验。

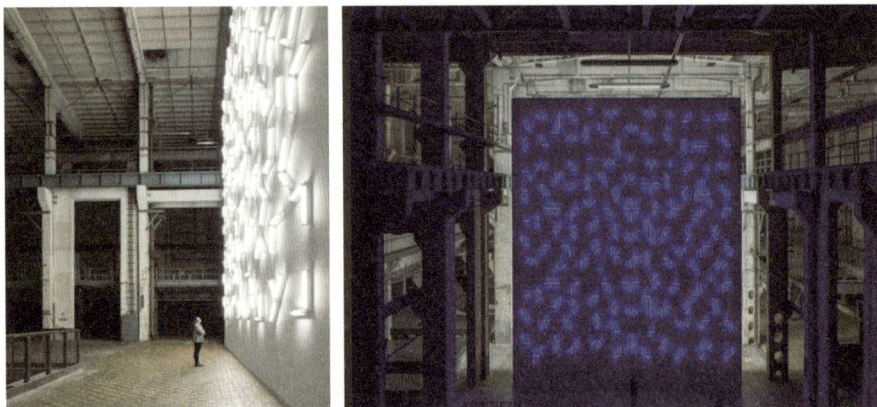

图 4-3-5 《光与空间（柏林电厂）》，罗伯特·欧文

出生于 1943 年的詹姆斯·特瑞尔（James Turrell）是极负盛名的光影艺术家之一。与罗伯特·欧文一样，他也是南加州"光与空间运动"的核心成员之一。作为一位主要创作沉浸式光艺术作品的艺术家，他擅长通过纯粹的视觉感官刺激，引发观众对现实和虚拟、边界与核心的思考。

与瑙曼等艺术家一样，詹姆斯具备数学、心理学等学科背景，对科学技术的系统学习和从小对光学现象的痴迷，使他能够敏锐地洞察到光作为一种新艺术材料能够产生的强大艺术表现力。

詹姆斯在 20 世纪 60 年代就开始创作《浅空间结构》（*Shallow Space Constructions*）光艺术作品（图 4-3-6）。这一作品中光源被安置在与观众正对的墙面后方，光通过墙后射出，悬浮的墙壁使观众产生从三维空间到二维平面转化的错觉。詹姆斯在这一时期的作品中，还包括利用特殊的光形投影创造的投影装置 *Projection Piece* 系列作品，如图 4-3-7 所示。

图 4-3-6 《浅空间结构》，詹姆斯·特瑞尔

图 4-3-7 *Projection Piece* 系列，詹姆斯·特瑞尔

20 世纪 70 年代开始，作为狂热飞行爱好者的詹姆斯开创了以开放的天空为对象的"天空空间"（*Skyspaces*）系列作品（图 4-3-8）。这一系列作品标志着詹姆斯职业生涯的重要突破和转折。这些作品主要在特定比例的房间内，通过屋顶设置任意形状的开放窗洞，并结合室内不同的人造光线投射，改变观众对传统天空的认知和感受。

"天空空间"系列作品中的每一件都是根据不同场地进行定制创作的。它们分布在全球各地，从加利福尼亚的波莫纳学院到耶路撒冷的以色列博物馆，共计超过八十件作品。

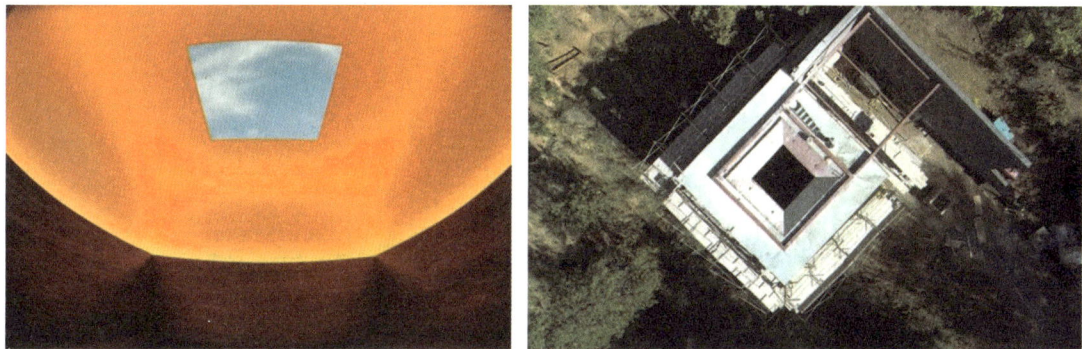

图 4-3-8　*Skyspaces* 系列，詹姆斯·特瑞尔

詹姆斯最知名且备受争议的作品非《罗丹火山口》（*Roden Crater*）莫属（图 4-3-9），1979 年詹姆斯以相对较低的价格买下了亚利桑那州北部彩色沙漠地区两座死火山及周边地区后，就开始持续地对该项目进行创作。在过去的四十多年里，他都在不间断地完善和修建，至今仍未完全建成开放，詹姆斯希望将这个耗费了他毕生心血的作品打造成属于自己的光艺术馆。

《罗丹火山口》不仅是一个天文馆，而是詹姆斯充分利用自然与人工相融合的多空洞建筑结构，创造出的人工光与自然光穿插交互的冥想和体验空间。进入其中的观众通过穿行和停驻，以一种完全区别于常态的方式感受白昼与夜晚的自然天象。可以说《罗丹火山口》是詹姆斯将光作为探索纯粹的精神世界的载体进行改造的最典型范例。

图 4-3-9　《罗丹火山口》，詹姆斯·特瑞尔

1967 年出生的丹麦裔冰岛艺术家奥拉维尔·埃利亚松（Olafur Eliasson）受到了罗伯特·欧文、詹姆斯·特瑞尔等场景化光艺术装置先驱的影响。他热衷于通过大型的光艺术作品探讨人与自然、时空的关系。因此，埃利亚松的作品主要包含对自然或梦

境的描述（图 4-3-10）。

图 4-3-10 《美》，奥拉维尔·埃利亚松

　　埃利亚松的大部分作品都设置于某一特定表现主题的场景中，常使用水、冰雾及镜子等脆弱且易消失的元素，以不同方式与光线相互作用。他在作品中打破了室内与室外的空间边界，创造出自然与人工相互交融、穿插的奇妙光影场景，营造出诗意般的氛围。

　　埃利亚松近年来最具有影响力的系列作品仍是在室内空间中创造的不可思议的自然景观。其中，最著名的是 2003 年在伦敦泰特现代美术馆展出的《气象计划》（*The weather project*），如图 4-3-11 所示，他在涡轮大厅这样一个巨大的室内空间中悬挂了一个半圆形的发光装置，并通过顶部的反射镜构成完整的圆形。结合充满雾气的空间和装置发出的黄光，创造了室内日出日落的奇妙场景。观众被允许以各种自由的姿态在这个充满人造阳光的室内环境中体验，而顶部的镜面倒映出观众自身的形象，产生一种如梦似幻的错觉。

　　随着技术的发展，光艺术首先以装置的形式引起越来越多艺术家的关注。在电气照明时代之后，照明手段开始多样化发展，涌现出更多勇于探索、创新和实践的光艺术家。他们创造了许多令人震撼、具有表现力和感染力的光艺术装置作品。这些作品与传统的绘画、雕塑等架上艺术形式有所不同，它们通过设定特定的主题与场所、场景相契合，将观众的体验和经验作为艺术作品的批判性内容和成果。

图 4-3-11 《气象计划》，奥拉维尔·埃利亚松

光艺术装置作品不拘泥于某一种形式的光，而是通过主题化的设计，探索观众对艺术化光影所带来的全新的知觉、感知和审美倾向。

二、发展趋势

从第二次工业革命开始，人造光作为一种创作媒介逐渐进入装置艺术的领域。随着时间的推移，现代光艺术装置的创作方法和目的呈现出不同特点和内涵，这与科学技术水平、审美倾向与社会的需求等因素密切相关。

在萌芽阶段，也就是 20 世纪初白炽灯泡开始逐渐普及的时期，由于白炽灯泡的光色和形态相对单一，在推广的初期并没有引起艺术家们的过多关注。直到法国人乔治·克劳德（Georges Claude）在 1908 年的国际航展上将霓虹灯管依次排列照亮了巴黎大皇宫，这种能够呈现五颜六色、任意造型的人造光源很快吸引了艺术家和建筑师的注意，并在 1930 年之后开始普遍应用。

在这个时期，现代装置艺术也刚刚兴起，利用人造光进行艺术装置创作的方法尚处于实验和探索的阶段。一种较为普遍的做法是基于对现有人工照明技术的改造，将光直接附着于装置之上。例如，莫霍利－纳吉就在被誉为第一件光艺术装置作品的《电动舞台上的光道具》内部安装了一圈白炽灯泡，并通过对灯泡玻壳进行处理来产生彩光。

值得注意的是，当时除了城市中需要进行照明的功能性场所外，一些艺术家开始注意到光似乎可以作为一种装饰材料在空间中产生与以往经验完全不同的审美感知和心理氛围，例如，在 1929 年的纽约，莫霍利－纳吉的合作伙伴弗雷德里克·基斯勒（Friedrich Kiesler）通过与主流影院室内装饰风格完全不同的光，营造出具有强烈戏剧性和视觉冲击的影院空间作品《第八大道放映厅》（*The 8th Street Playhouse*），如图 4-3-12 所示，观众进入放映厅后所体验的不仅仅是电影，更是在充满体验感和氛围营造的光影空间中，感知到了从未有过的另一维度的精神和艺术启迪。

第二次世界大战的爆发导致对光艺术形态的装置化实践暂时中断。直到战后的 20 世纪 60 年代左右，光艺术进入了发展时期，荧光灯的出现进一步丰富了电光源的种类和视觉表现形态。同时，欧普艺术（Optical Art），即光效应艺术的出现，对探索光艺术装置的表现方式和创新形态产生了推动作用。期

图 4-3-12 《第八大道放映厅》，弗雷德里克·基斯勒

间出现了丹·弗莱文、布鲁斯·瑙曼等利用荧光灯、霓虹灯进行艺术装置创作的艺术家，光正式成为一种专门的艺术表现手段，光艺术装置作品开始打破传统艺术中"观众—作品"的单一对应关系。由于人造光的独特属性，许多艺术家开始将光艺术装置与不同属性的空间场所联系起来。与传统的雕塑或艺术装置不同，艺术家们开始关注在人的参与下，光艺术装置对其所处场域及对城市夜间环境艺术形态的影响。

从 20 世纪 60 年代至今，是光艺术装置的飞速发展时期，进入 21 世纪后 LED 在各领域的普遍应用，推动了城市照明的规模化发展，城市夜晚越来越亮，而人们对光的诉求开始逐渐从亮向美及舒适转变。除光源技术发生翻天覆地的变化外，计算机、通信、自动化技术也取得了突破性的进展，更加丰富的光影视觉表现形式实现成为可能。早在光艺术装置的发展阶段，艺术家们已经在探讨光艺术的不同形式对环境场域的影响，在技术应用手段更加多样化的条件下，"光艺术装置"的内涵定义似乎可以进一步拓展。

基斯·索尼尔（Keith Sonnier）是一位擅长使用霓虹灯作为创作元素的灯光艺术家，从 20 世纪 60 年代开始，他就致力于把艺术化的灯光与建筑和构筑物相结合。基斯·索尼尔的代表作品包括德国慕尼黑 1 号航站楼作品《光道》（*Light Way*）、慕尼黑再保险公司霓虹隧道以及奥地利斯泰尔教堂的永久霓虹灯装置等；在他艺术生涯的后期，基斯·索尼尔开始将重心转向城市公共艺术的创作。并通过其对霓虹灯、玻璃等材料的运用经验，即通过光艺术装置的营造方法，植入建筑和构筑物和周边环境的表现形态中，如图 4-3-13 所示。

图 4-3-13 《光道》（左）、霓虹隧道（中）、永久霓虹灯装置（右），基斯·索尼尔

除基斯·索尼尔外，丹·弗莱文、奥拉维尔·埃利亚松等许多艺术家也对艺术光影手段在城市公共空间环境中的运用进行了深入的研究和实践。"夜景照明"这个概念本质就具有艺术属性，其非功能性的主要目标可以被理解为在照明载体上实现艺术化光影形态的合理表达。无论是光艺术装置还是具有戏剧化表现力的灯光形式，夜景照明常被冠以"表演性灯光"的定义，即为满足重大节日、庆典和公众活动的"临时作品"。

人为地将以光艺术装置为代表的"表演性灯光"与常规照明设计内容区分开，现在看来这种区分是否恰当值得深入讨论。就像雕塑艺术思维介入建筑和桥梁形态设计一样，各种光艺术形式和手段不应该被割裂。城市建筑物、构筑物、自然元素及公共空间都有可能成为光艺术形式的载体，这也是讨论照明载体与光的表现关系的重要思考内容。

　　光艺术作品的出现与社会经济进步和艺术美学的发展密切相关。以现代灯光装置为代表的艺术手段在 20 世纪初就已出现，随着技术以难以预见的速度迅速发展、城市夜景照明的推波助澜，光的形态已经拓展到单体、区域及城市的载体范围。这就需要我们持续探索和研究装置、影像及表演性灯光等手段在不同空间尺度上的艺术表现方法和理念（图 4-3-14）。

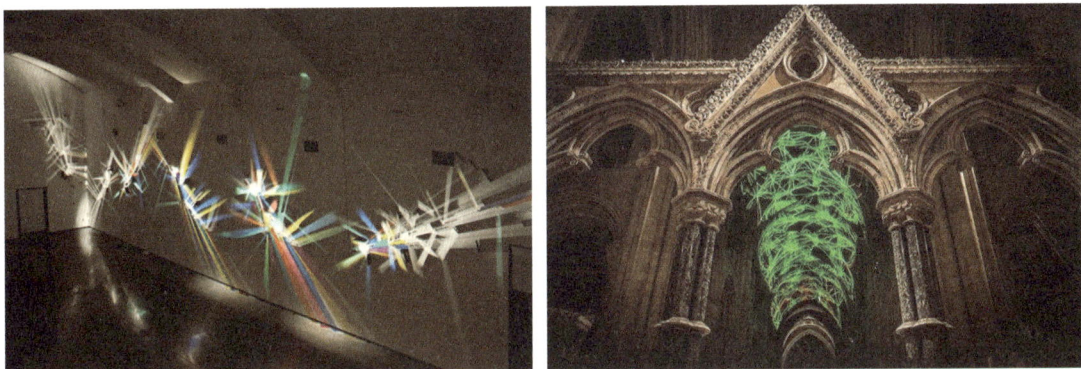

图 4-3-14　光艺术介入公共空间

三、设计要点

　　广义的照明（光）艺术装置定义应包括所有形态照明载体（单体、群组、空间场景）所承载的、以人的参与和一定主题表达为目标的光艺术形式。人工照明技术的介入，为装置艺术带来了新的表达手段和内容。结合计算机、人工智能及信息通信等现代科技，使感知、互动甚至智能学习在光艺术装置的创作中成为可能。技术进步驱动设计创新，照明艺术装置设计应基于社会科技的发展保持时新性，并不断拓展和完善设计方法与要点。

（一）明确光在装置中的存在形式

　　无论是任何形式的光艺术装置，在进行主题创意和设计构思的过程中，明确光在装置中的"存在形式"至关重要。如同城市夜景照明设计中以表现载体或表现灯光为主的选择，光艺术装置创作需要思考的是光这一元素在整个作品中所呈现出的视觉形态，即存在形式，一般来说包括直接表现、结合材料及结合环境三种类别。

1. 直接表现

　　直接表现指直接采用不同形态的光作为装置表现的主要视觉元素，即直接利用光源发出光。在装置的展现过程中，光直接作用于人眼，引起明暗和不同色彩的刺激感觉。这些光的形式（出光面大小、出光形状等）与设计所采用的照明光源有关。例如丹·弗莱文、基斯·索尼尔常常选择商用荧光灯管及霓虹灯作为装置的主要光源，使他们的作品具有鲜明的个人特色和视觉标识性。像夜景照明设计中的轮廓照明方法一样，装置对光的直接表现具有较为强烈的视觉冲击力，容易在空间中形成戏剧化的、有视觉焦点性的光影形态。

2. 结合材料

结合材料主要是指不直接采用光源发出的光进行表现，而是通过光与各种材料的作用产生不同的视觉效果。光与材料的作用主要包含反射和透射两大类别。反射材料一般常见为木、金属、陶瓷、水泥等，这些材料中的色彩属性（明度、彩度和色相）决定了反光的数量，表面肌理决定了反光的分布（规则反射、漫反射和混合反射）。透射材料一般常见为玻璃、亚克力以及树脂等各种高分子透光材料。与反射材料相似，这些透光材料的透光率决定了其在装置中的透明程度，而透光性质（规则透射、漫透射和混合透射）则决定了透光形态。光通过材料作用后呈现出的视觉形态需要设计师对装置所选择材料的光学性质有深入的了解（图 4-3-15）。

图 4-3-15 《宇宙》，布鲁特·德拉克斯工作室

3. 结合环境

结合环境一般指利用室内外空间场所进行设计表现的光艺术装置。其主要特点是装置具有较强的场地性，即在不同的空间环境条件下营造出的光氛围是完全不同的。与环境的结合并不限定光的表现形态，而是强调整个空间场所成为设计主题或内容展示的主要载体之一。在这样的场景化、空间化的光艺术装置中，光对人的生理及心理的影响达到了一定的高度。如罗伯特·欧文和奥拉维尔·埃利亚松的空间装置作品，都是以较大规模或非常规尺度的室内光影手段，以一种沉浸式的体验让观者在环境中以自己的方式对装置所表达思想内涵进行思考。光艺术装置与环境的结合也是未来艺术介入城市照明建设中的重要研究方向和实践内容。

（二）设计交互方式

装置艺术强调人的参与，而由新科技水平承载的人工光已具有较强的智能化属性，光已由原来的手动控制开关转变为与人工智能、数字化通信结合的智能光。因此，光艺术装置更需要关注的是与人的交互方式的设计。交互不仅指人通过对装置中预设变量的影响（声音、气流及热量等）而改变装置的视觉表现形态，更关键的是如何基于设计主题，将人的参与及其中存在的各种可能性和随机性转化为作品的内容。设计光艺术装置作品的交互方式，首先要考虑的可能不是技术手段，而是交互脚本。无论是单体还是场景化光艺术装置，交互的内容不应为了展示某种先进的互动技术手段而被强加于作品之中。交互部分的设计应当在作品创作构思之初就开始进行，技术手段是实现条件。设计师需要对人的参与在作品内容中所需的形式进行评估，从而确定交互逻辑和过程，最后再在保证作品可实现性的前提下，基于现有技术手段条件对装置的互动方式进行最终确定和修正（图 4-3-16）。

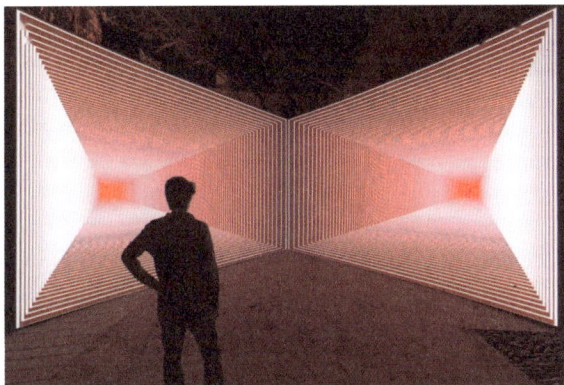

图 4-3-16　*Echolyse* 沉浸式灯光艺术装置，奥利维尔·拉茨（Olivier Ratsi）

（三）明确照明器具

对于各种光艺术装置作品，基于设计表现的光源（灯具）的选择通常包括三种情况：

1. 直接选用现有常规光源（灯具）

新一代光源 LED 仍是使用最为普遍的选择，其灯具光源形制种类丰富，包括线条灯（硬、软）、点光源（如灯串等形式）、背光模组以及投泛光灯、洗墙灯、射灯等投射类灯具，如图 4-3-17 所示。这种方式的优点是节约成本，缩短作品的制作时间，技术成熟，品质相对稳定。然而，其缺点是可能限制创作，尤其在光影效果、艺术造型及材料选择方面，可能需要基于常规光源（灯具）的结构形制和光电参数的使用条件做出妥协。

（a）洗墙灯　　　　　　　　　　（b）软灯带　　　　　　　　　　（c）射灯（窄配光）

图 4-3-17　艺术装置常用普通光源器具

2. 针对作品的需求进行光源（灯具）的定制化

定制的内容主要包括光源（灯具）的外观结构和光电参数，如图 4-3-18 所示。定制光源（灯具）的优点是在不影响艺术创意和主题表达的前提下，可最大程度地保留对材料和光影效果的呈现方式。然而，其缺点是成本相对较高、制作周期较长，如果设计师对技术了解不足，也容易导致构想无法落地等问题。

3. 光源（灯具）搭配各种调光及控制设备配置

结合环境的光艺术装置作品，往往要利用计算机控制、信息通信等多种技术手段，光源（发光装置）是其中的一个组成部分。对光源种类（OLED、EL、激光、气体灯等）和光的形态可能会存在多样化及可变需求，在这种情况下，光源（灯具）通常需

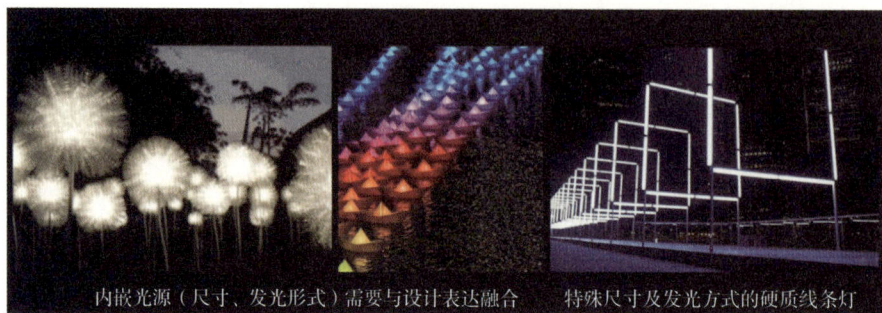

内嵌光源（尺寸、发光形式）需要与设计表达融合　　特殊尺寸及发光方式的硬质线条灯

图 4-3-18　艺术装置定制光源器具

要配合各种调光及控制设备配置。这种方式的优点是可充分体现科技与艺术的融合，可产生较强的视觉冲击，增强场景化的光艺术装置作品的融入感和参与性。其缺点是相对规模较大，需要多工种团队协同作业，主创人员还需要有丰富的实践经验以及跨专业的综合协调能力。

第五章

智能艺术照明设计应用

第一节　艺术照明设计对智能照明的需求

　　艺术照明设计的内涵随着需求的变化而不断演进。当科技发展到飞跃式突破阶段，以智能控制为代表的技术手段开始推动照明设计应用向需求多元化的细分领域发展。人们对光环境的评价标准已从满足基本功能转变为品质提升或价值实现。照明（光）艺术脱离于其传统意义上艺术品的限制，开始成为现代照明设计的基本需求和目标。因此，艺术照明设计应包含功能完善、艺术氛围表达及人的参与。艺术照明设计实际上是以照明相关技术发展为前提，从纯粹的艺术光影创造过渡到以满足功能性、舒适性和艺术性三个基本维度的设计应用方法，艺术在照明设计中体现了较高的附加价值，成为照明设计应用的重要类别和发展方向。艺术照明设计应用实质上需要持续更新的知识点和发展的思想理论，使得艺术照明具有一定的"跨界"特点。不同类别的艺术照明设计应用对智能（智慧）控制的要求，则是保障设计目标实现、拓展载体艺术内涵的基本条件。

　　智能与艺术照明的融合不仅是跨专业领域的思维碰撞，在现代的照明设计应用实践中，设计师不再只是扮演绘图员、工程师或电工的单一角色，而是需要承担场景设计师和导演的任务，照明器具和控制技术仅为创作的工具，以使用者为中心的艺术表现和价值创造使照明应用的内涵变得更加丰富和多样。在这样的平台下，照明设计可摆脱原有的程式化设计模式，照明设计应用将真正进入以人为本、与时俱进的良性循环中。

一、功能的满足

　　电光源的控制方式经历了手动控制、自动控制和智能控制三个主要阶段。不同控制方式在不同时期都能满足当时照明应用的相关需求。在手动控制阶段，照明应用的需求仅限于人为的"开和关"状态；在自动控制阶段，声音、热量或时间等输入变量被用来改变和触发照明器具的状态；在智能控制阶段，计算机和通信技术成为实现控制的核心，与自动控制最主要的区别是可以通过学习和计算，调用不同的程序，实现更为复杂的光参数调节和输出控制。无论是常规照明设计还是艺术照明设计，都具备一定的功能属性，智能照明控制技术的最直接作用就是显著提升照明功效及工作效率。

　　1.提高照明效率

　　通过采用智能照明控制技术，照明系统可以处于高效的全自动状态。在任何的空间场所，都可以基于预设变量及时调整光输出为最佳状态。同时，根据场所使用功能的变化，智能照明控制系统可以通过判断和学习，实时改变控制策略，使照明输出始终保持在最合适、最高效的使用水平。

2. 实现照明场景化

通过调整某一控制逻辑中的光源（灯具）而达到预设的照明氛围或环境，这就是智能照明的场景化控制。场景化是智能控制系统最核心的应用特征，通过照明的场景化设置，可以基于不同空间的使用性质实时调整照明参数，从而实现不同场景氛围的及时呈现。照明场景化实质是让不同照明设备输出照明设计预设的光度或色度值，对智能控制系统的要求不仅是不同光源（灯具）的开关或调光组合，更多的是基于使用功能和设计目标，根据使用者的需求变化保证照明场景的复现效率。

3. 提升舒适度

智能照明控制系统可以通过定制化的控制和输入模块，实时采集照明空间环境中围绕使用者产生的各种变量。智能照明控制系统的介入可以使人的各种行为倾向成为照明输出的调整因素，实现真正以人为本的照明功能，避免了眩光、不恰当的工作照度或光分布等问题对视觉舒适度的影响，还可以在一定程度上提升使用者的获得感和幸福感，从而推动作业效率的提升。

4. 调节情绪心理

艺术性照明通过智能照明控制实现艺术灯光效果的展示，还能通过控制灯光的效果来改善人的心理节律。智能控制可以调节灯光的明暗、色温、色彩等，以表达不同自然的时间节律和情感，例如，绿色使人感到生机盎然、蓝色使人感到寒冷刺骨、红色使人感到热情似火等。智能控制灯光的变化可调动不同的感情情绪。

二、艺术光影的表现

智能照明控制系统包含多样化、可拓展的照明控制方式，无论是室内场所还是室外空间，都可以通过不同的控制策略实现设计所需的光影表现形态。艺术化光环境氛围的营造不仅需要设计师通过不同的照明器具实现对光的处理和转化，更需要通过对亮暗和色彩变化要求，设计确定的照明控制策略和要求，并通过智能照明控制系统实现。

1. 城市夜景照明的需求

城市道路交通照明是最先引入智能控制系统的应用领域。通过以 GPRS、电力载波为代表的通信技术与互联网连接，结合计算机技术实现对照明终端的集中、实时监控；随着便捷可控的 LED 光源的普及，城市夜景照明建设蓬勃发展，与城市功能性照明的相对单一的控制场景需求不同，夜景照明对智能控制系统提出了差异化、多样性的策略需求。当传统定义的光艺术手段开始介入城市夜景的建设实践中，强调人的参与和光影互动的艺术形式实现，对智能控制系统提出了更为复杂和个性化的技术要求，开始朝向开放式、定制化和智慧化方向发展。开放式即打破技术壁垒、建立行业规范，以统一联动功能的实现来保障城市区域艺术形态的统一性；定制化则需要强调基于不同设计目标的控制功能设计，如通过不同功能模块的组合搭配实现科学精准的控制策略，避免某一种控制方式的"套娃式"复制；智慧化则是考虑基于最新通信技术的物联网和智慧城市建设需求，包括城市中各区域联动、城市大尺度场景表演等功能的实现，结合计算机和人工智能技术，通过大数据和大系统模式，使得城市夜景照明成为智慧城市建设的重要组成部分。

2. 室内艺术照明的需求

室内照明设计的出现是人们对室内光环境重要性认知的结果，人工照明不再被视为室内设计的附加要素，而是可以基于使用对象、空间属性而提升场所使用功能和感知体验的重要内容。随着室内设计方法、新材料及人的需求不断变化，室内照明已不再单纯局限于使用功能的满足，更需要基于氛围烘托的场景化光空间。《建筑照明设计标准》（GB 50034—2020）提出氛围照明的定义即在一般照明基础上，通过颜色和亮度变化实现特定环境气氛的照明，由此可见通过智能控制实现的艺术光影变化对氛围营造的重要性。人在室内空间的各种行为都需要匹配功能性、舒适性和艺术性的照明要素，设计师需要充分了解智能照明产品的功能特性，按时间、用途及效果设计相应的控制预设，利用智能照明控制打破室内照明固定光环境形态，营造更加细致的、动态化的场景照明效果，让空间光影的艺术魅力得到进一步体现。

3. 其他类别

几乎所有以光为媒介呈现的艺术形态都需要智能化的光影色彩控制。除常见的建筑、景观及室内空间等照明设计应用类别外，现代的光艺术还包含如舞台、光绘、光雕、投影及光装置等不同形式。无论是单体化还是空间场景化的载体，光艺术的表现都是基于视觉效果，对光影、色彩的变化形式提出复杂多变的要求。智能照明控制系统需要具备基于设计理念和表现主题的定制化的场景演绎能力，以辅助实现不同的照明艺术应用类别对于沉浸、感知、互动及多样性的体现和表达。

三、节约能源

智能照明系统的未来发展方向是实现智慧照明。基于物联网、人工智能及通信技术的发展，智能照明控制技术可以提供高效的能耗管理方案，在倡导绿色照明、节能减排的全球背景下，智能控制系统需要实现让光精准地出现在需要产生视觉的地方。

1. 城市公共空间

随着照明建设的发展，城市变得越来越亮，无论是功能性或非功能性照明，都是以服务人的视觉为主旨。城市道路交通照明在控制技术发展的过程中已经开始探索节能方法，如路灯的定时开关、降功率驱动以及间隔布线控制等，但基本仍是以没有考虑使用功能需求的固定开关模式为主。AI识别算法、感应技术的迭代，使得城市中更多功能性空间能够基于夜间使用时段、频率及其他个性化需求而作出针对性的照明指标调整，在提高空间区域的照明功能性前提下使能耗降低。城市非功能性照明以光艺术表现为主要目的，在不同的事件时段（平时、节日及庆典）需要不同氛围的照明主题表现，智能控制系统可通过细化到单光源的控制精度和统一协调的整体控制能力，实现由明暗与色彩组合形成的光影效果的演绎和表现，对城市夜景照明及公共空间中其他艺术化光影形式的无延迟、高效率、时段化控制，可进一步提升城市照明的人性化和个性化属性，推动照明建设的可持续发展。

2. 室内空间

社会生活、工作方式的改变，使人们处于室内空间的时间进一步增加，室内空间人工照明节能不能简单理解成"为节约而节约"，不能采用如强制降低所需照明水平等影响照明功能的方法实现节能降耗。如在工厂车间等场所，仅采用定时自动控制的方式，不考虑气候、人员数量及工作内容等因素，容易产生因影响视觉舒适而降低工作效率甚至产生安全隐患的情况。商业、家居甚至办公空间，都越来越注重对光环境艺术氛围营造，而对人工照明环境的认可和审美感知，需要以满足功能性的基础上进一步提升舒适性为前提，所以室内空间智能照明控制技术更需要满足以人为本的关键要求，需重点研究人在室内空间生活、工作需求和相应产生的控制变量，也要考虑照明与其他空间环境要素控制系统的配合，以保证照明指标的控制和输出遵循功能性—舒适性—艺术性的渐进目标。

四、维护管理需求

智能照明控制系统具备信息采集、传输、分析等功能，其最大的优势在于可通过网络化形式实现更大范围的设备监管，这是与传统照明控制最大的区别。对于建筑物或构筑物来说，模块化的自动控制方式可使照明设备的管理维护更加便捷简单。例如，办公建筑可以在传统的定时控制基础上，加入围绕人的热量（红外）、声音等变量的收集和分析，可以在不影响使用的情况下更准确地进行建筑照明控制管理。

在更大空间规模的室内照明以及城市照明应用中，智能照明控制系统可根据用户需求和使用条件的变化，自动采集预设的环境变量数据，并对数据进行分析和处理后通过各种手段进行可视转化，使管理者可实时、便捷地了解照明系统的工作状态。例如，在现代城市照明管理中扮演着重要角色的照明控制中心，一般由硬件（服务器、计算机、网络设备等）及软件（数据库、应用软件等）两部分系统组成。对于城市规模的照明设备，传统的人工维护和管理效率低下且需投入大量资源，网络型的照明集控中心可以实时高效地完成监测和控制，从而降低系统管理的运营成本，方便实现满足各种功能和视觉效果的区域性灯光控制。

第二节　智能艺术照明设计应用策略与步骤

　　现代照明设计是技术与艺术的融合，通过运用多样的控制手段实现的光线和色彩的丰富变化能够突出照明载体的形态特点、空间属性和差异化的艺术效果。作为现代照明设计理念与智能控制技术相互协调统一的艺术照明，主要设计目标应是以更少的投入、更低的电力负荷、达到更好的照明艺术效果。

　　多种照明控制方式可以使同一载体具备多种艺术效果。照明已不再是单纯对明暗效果的呈现，而应具备更加丰富和创新的光影表达方式。光艺术的实现和创新，离不开以艺术表现、主题表达为依据的智能照明控制策略的制定。

一、总体策略

　　相较于单一的功能照明或氛围照明，艺术照明可以被视为照明设计的一种应用方法，它主要以光为主体展现出艺术视觉形象。无论是何种艺术照明设计，对智能照明控制技术的应用都应遵循满足艺术表现需求、以人为本的原则和策略。

（一）满足艺术表现需求

　　光的变化是指在一定的时间和空间范围内，光的强度、颜色、位置、形状等参数不断变化产生的视觉效果。结合不同智能照明控制策略实现的光的变化，可以带来不同的艺术效果感受和体验（图 5-2-1）。

图 5-2-1　光影变化在室内空间营造的氛围感

1. 影响主体情感

光可通过色彩的变化、光线的闪烁、明暗的交替等方式引起观众的情感共鸣，创造可引起某种特定情感变化的光影视觉效果。

2. 提升艺术表现力

通过智能控制系统产生不同形态的变化光影，可以创造出具有差异性的表现方式和视觉美感。例如，可以通过舞台化灯光的形式营造光影场景，或者在数字光艺术应用中，通过光线的明暗、色彩变化，强化观者对艺术表现的体验和感受。

3. 创新表现方式

随着智能照明控制系统效率及技术手段不断发展，新的光影表现方法不断涌现，并在艺术照明应用中得以实现，通过对照明参数进行非常态化管理和控制，可以实现与日常光影效果有明显差异的表现形态，极大提升光艺术作品的视觉冲击力，体现光艺术创作的创新性。

（二）以人为本的原则

在制定适用于艺术照明设计的智能照明控制策略时，应始终坚持以人为本原则。这意味着除了视觉感知需求外，还应该研究光输出控制在非视觉光生物效应和主观心理方面的作用。

除人眼的非视觉通路对生理和心理的影响外，光的方向、亮度、对比、层次和色彩等参数的变化都可以影响人的主观状态，包括情绪、喜恶、思考能力和注意力等（图 5-2-2）。在制定智能照明控制策略时，需要基于光艺术作品的载体形态和表现主题需求，把人的行为、活动等纳入影响要素。照明效果应充分考虑主体的视觉特性和习惯，照明场景应满足人的情感需求，照明设备应满足人的健康和安全需求。基于这些考虑，我们应对光影指标进行科学的规划和设计，并将其转化为具有多样性、场景化的控制逻辑和方法。

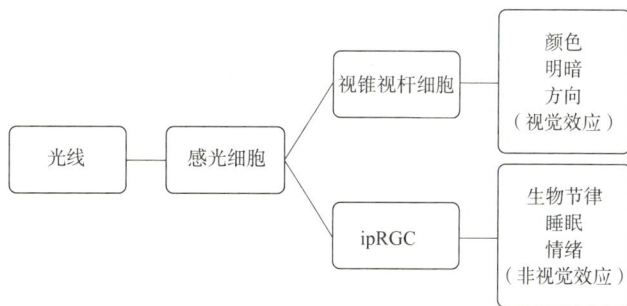

图 5-2-2　光通过人眼的视觉与非视觉通路作用于人

二、智能艺术照明设计的一般步骤

（一）室内照明

室内空间场所的照明设计都应以满足基本功能为前提，根据设计理念，采用调光调色、场景化、定时感应等技术手段进行设计与选择，进一步实现舒适性和艺术性。基于室内空间的光环境设计构思，制定控制策略，选择最佳的灯具设备和控制设备，是室内智能艺术照明设计的重要内容。一般设计步骤如下：

1. 设计前期工作（项目调研计划阶段）

（1）沟通部分，包括与业主或与其他专业工种的沟通内容，这将作为重要的设计依据。

（2）基础图文资料收集，并确定其有效性。

（3）进行调研踏勘，包括数据复核、测量测试等工作内容。

2. 设计阶段工作（包含方案设计阶段、扩初设计发展阶段、施工图设计）

（1）方案设计阶段。

方案概念设计是进行初步设计的基础，一般包括总体构思、设计定位、设计意向、设计方法、技术手段、可行性方案和技术指标等基本内容。根据前期设计调研计划阶段获取的依据和需求，可以引入智能技术手段，实现节能或灯光艺术化的需求。照明功能的满足是首要条件，除了基于设计策略前提下的舒适外，对灯光的节奏变化、心理慰藉、艺术美观也是重要的策略，以此来选择灯具设备和控制设备，实现诸如契合主题表现、情绪烘托或身心健康需求的光影变化。因此，方案设计阶段主要内容是对灯光方案的艺术性表达以及具体的灯光呈现效果展示，很多时候也把方案设计阶段的成果内容称为"概念方案设计"。

（2）扩初设计阶段。

这个阶段是对方案设计阶段内容的深化，成果通过业主及专业评审认可后，可作为施工图设计依据的阶段。对于一些大型项目，可能存在多次方案深化过程，称其为扩初设计（或深化设计）阶段，有时会把施工图设计之前的设计阶段统称为方案设计阶段。一般来说，概念方案展示成果通过后，就可以对概念方案的内容进行初步的施工深化，此时可以针对艺术效果表达的灯光控制逻辑和策略进行深化设计，罗列出可满足效果的灯光控制方式，整理出灯具设备清单及参数规格书。

在灯光控制方式选择上，动态灯光调节如灯光秀、舞台灯光等通常选用 DMX512 系统；静态灯光调节可分为调光、调光调色以及 RGB 静态切换等。通常可用两种方式实现回路控制和单灯控制。回路控制调光通常采用可控硅、0~10V 两种调控方式，回路控制调光调色一般通过 0~10V 实现，通常需要适配智能控制系统进行场景化控制；若需要进行单灯控制则可采用 DALI、Zigbee、蓝牙、Wi-Fi 协议进行控制。如图 5-2-3 所示，通过回路分配灯光组合，根据不同空间场景灯光变化需求，结合光影的艺术呈现需求逻辑确定控制策略。

在进行照明电气施工图设计前，有时会对初步设计方案进行深化设计，成果包括进行施工图设计所需的全部内容。例如，针对特定人群健康需要，制订照明计划；运用可调节色温和亮度的照明设备，为人们带来更舒适的生理效应。在初步设计成果确认通过后，可以结合项目情况，制定项目总体预算，对设计方案做进一步推敲和细化，

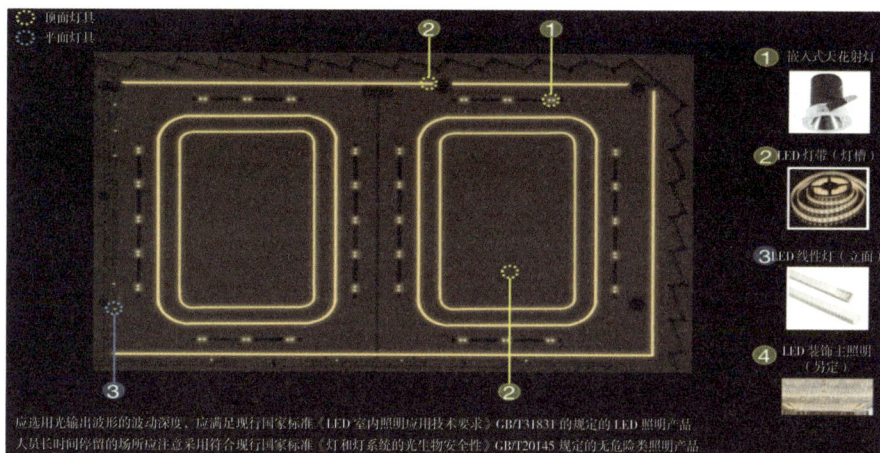

顶面灯具
平面灯具

① 嵌入式天花射灯
② LED灯带（灯槽）
③ LED线性灯（立面）
④ LED装饰主照明（另定）

应选用光输出波形的波动深度，应满足现行国家标准《LED室内照明应用技术要求》GB/T31831的规定的LED照明产品
人员长时间停留的场所应注意采用符合现行国家标准《灯和灯系统的光生物安全性》GB/T20145规定的无危险类照明产品

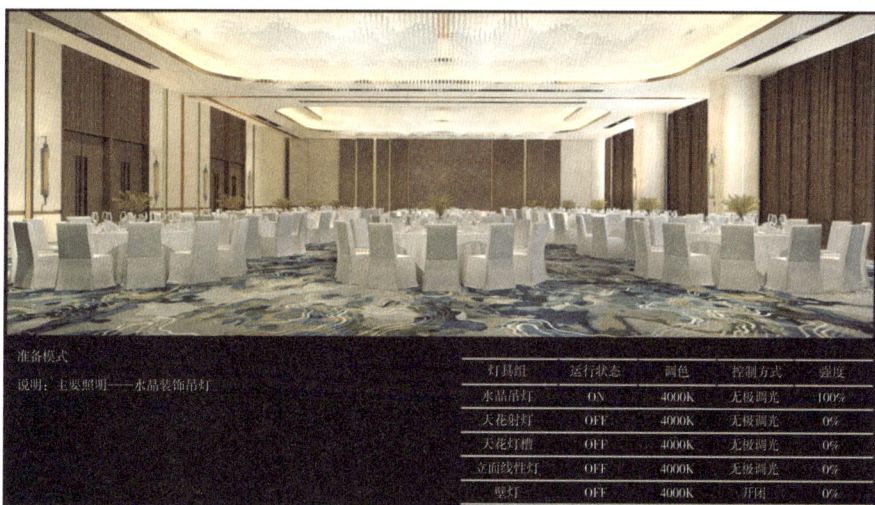

准备模式
说明：主要照明——水晶装饰吊灯

灯具组	运行状态	调色	控制方式	强度
水晶吊灯	ON	4000K	无极调光	100%
天花射灯	OFF	4000K	无极调光	0%
天花灯槽	OFF	4000K	无极调光	0%
立面线性灯	OFF	4000K	无极调光	0%
壁灯	OFF	4000K	开闭	0%

宴会模式
说明：主要照明——水晶装饰吊灯、天花射灯、天花灯槽、立面线性灯及壁灯

灯具组	运行状态	调色	控制方式	强度
水晶吊灯	ON	4000K	无极调光	100%
天花射灯	ON	4000K	无极调光	100%
天花灯槽	ON	4000K	无极调光	100%
立面线性灯	ON	4000K	无极调光	100%
壁灯	ON	4000K	开闭	100%

图 5-2-3

图 5-2-3　基于空间场景功能与艺术表现需求指定控制策略示例

确定最优控制方式，再由相应的智控实施方（一般为智能照明控制系统供应商）介入，协助完成智能照明控制系统扩初方案，并制定智能照明控制系统设备清单等内容。

（3）施工图设计。

内容一般包括：

①照明电气系统、照明设备以及控制设备相关的材料清单列表以及相对应的重要参数；

②完整的灯具布置和设备接线图；

③施工安装说明、安装大样节点的表示；

④电气系统图、弱电系统图；

⑤工程造价清单；

⑥配合完成审图相关工作。

3. 技术支持及服务阶段（施工阶段、验收完工后的阶段）

技术支持和现场服务是艺术照明设计效果实现的保障，具体包括：

①施工过程中设计师需提供技术配合，包括图纸解释、样板测试、安装指导等；

②灯具安装完成后，还应参与设备的调试和智能灯光场景的预设；

③施工、验收完成后，协助业主或使用方，进行智能场景、设备的操作测试和验收，以及控制设备的操作使用说明书交底，移交相关的资料，并进行存档备份。

（二）室外照明

不同的室外照明项目由于其自身特点、项目类型和照明需求的差异，会产生不同的照明设计步骤和工作内容，尤其是室外空间对艺术化照明的要求更具有多样化的特点，本书主要对室外艺术照明中涉及智能控制的共性和重要内容进行阐述。

1. 前期沟通

通过前期沟通，对设计载体进行了解和分析，基于设计主题和目标，确定更科学、合理的智能照明控制策略，内容包括明确项目类型、甲方需求、项目时间周期、项目预算等。

2. 现场调研

为了进一步了解项目的实际情况，需要结合项目的属性和自身的综合因素考虑是否进行现场勘查工作。现场调研需采集现场照明及周围环境的光环境状态和照明设备（包括智能照明控制系统）的安装条件，调研艺术照明表现的可行性，对于场地现状、光环境现状、灯光需求、载体条件、安装条件等内容进行勘查采集。通过仪器测量、照片视频等记录，了解现场情况，是保证照明设计、线路设计，控制设备安装顺利进行的前提。

3. 方案设计

方案设计包含效果模拟、工程预算、灯光分析、初步灯具选型等内容，其中方案的效果表现需求直接决定了智能照明控制策略设计。一般来说，在方案设计阶段，前期设计与意向效果模拟过程中，基本就要依据方案概念结合经验来确定智能照明控制系统的类别和总体要求。

4. 初步设计

基于方案设计阶段成果，进行初步设计方案的制作，主要涉及效果深化、灯具选型、灯具点位、安装大样、智能布线、智能控制、灯具配电等内容。同室内照明一样，确定室外艺术照明对于智能照明控制系统的要求，也应针对不同设计内容的落地实现进行综合分析。在初步设计阶段，需要分析室外光艺术形态的表现要求，确定照明设备的分组、布线以及智控功能模块的设计。

5. 施工图设计

除照明电气施工图所需常规内容外，室外艺术照明的智能控制系统相关技术参数、布线方式等一般在施工图阶段确定。基于初步设计所确定的最终效果转化为光电参数，由智能控制系统供应商协助设计方在照明电气施工图中进行深化。

6. 现场调试

基于艺术照明的表现要求，照明设计师应当协助进行现场调试工作，包括灯位、投射方向等内容的确定。测试和调试是室外艺术照明设计落地的必要步骤，尤其对于采用了智能照明控制系统的项目，设计主创人员在现场的目测调试是实现光影艺术效果的关键。

第六章

智能艺术照明设计实践

艺术照明与智能控制技术的深度融合可推动城市的形象、风貌和人文内涵的艺术美学表达。无论是室外公共空间、室内空间、建筑物、构筑物或自然元素，多样丰富的光影和色彩元素的运用，可使不同光影载体的属性在差异化视觉塑造中得以个性化升华，营造兼顾功能性、舒适性（健康）与艺术性的光影形态和氛围。

第一节　上海中心大厦 ❶

一、项目背景

上海中心大厦位于浦东区陆家嘴，高 632m，地上 127 层，地下 5 层。建筑立面设计独特，呈现出弯曲的形态。作为中国最高、世界第二高的摩天大楼，上海中心大厦不仅是上海的标志性建筑，也是中国现代建筑的代表之一。

二、照明策略

设计通过艺术与智能的动态结合，用具有韵律的光来展现上海的文化与气质，使上海中心大厦成为这座城市的标志文化载体和中心。这不仅提升了建筑本身的艺术性，也使上海中心大厦在夜晚的城市天际线中独树一帜，成为上海的一道亮丽的风景线，如图 6-1-1 所示。

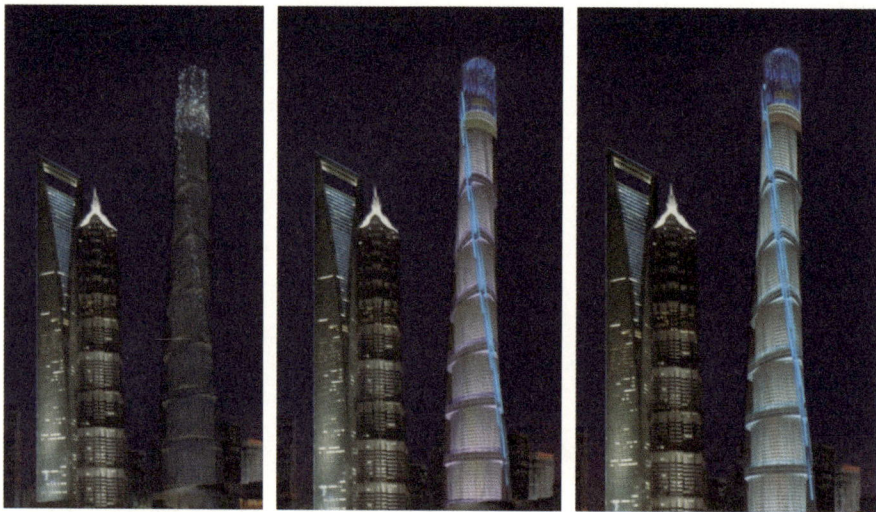

图 6-1-1　上海中心大厦艺术照明灯光效果模拟 1

---

❶　上海中心大厦案例由 Traxon Technologies 提供。

塔冠部分通常是高层建筑的焦点，也是照明设计的重点区域。上海中心大厦的塔冠照明设计效果犹如一朵含苞待放的白玉兰，是代表上海永恒的标志，如图 6-1-2 所示。

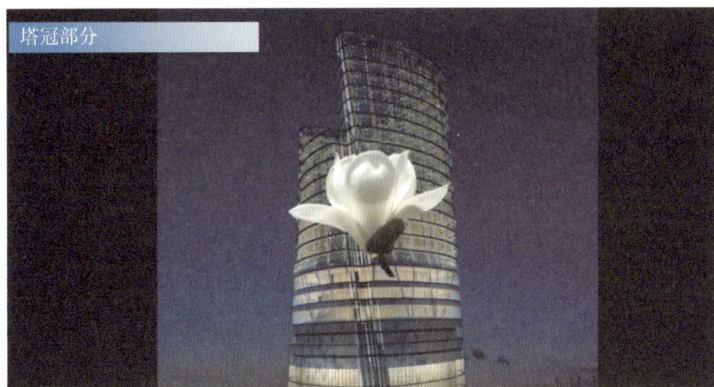

图 6-1-2　上海中心大厦艺术照明灯光效果模拟 2

通过运用智能照明控制系统，上海中心大厦的光艺术形态展现出了一年四季的寓意。

春之花蕊：塔冠中心部分的照明亮起，左右的色温灰度变化，体现着新生命的开始；夏之盛放：塔冠自内向外三个层次的照明，分别以不同的亮度等级，展现相互协调，外部两层以自下而上逐级递减的形式，演示白玉兰盛放的过程；秋之收获：塔冠部分的照明以全亮度显示，照明强调整体感，体现建筑体量以及收获季节蕴含的饱满成熟美；冬之希望：高色温的冬季，白玉兰飞花的形态展示，色温的变化让人感受孕育新生命的力量（图 6-1-3）。

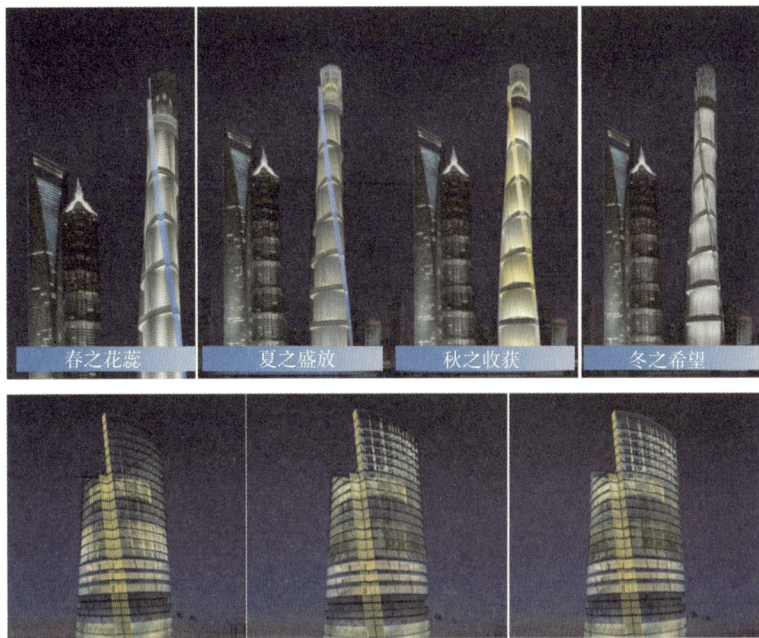

图 6-1-3　上海中心大厦艺术照明灯光效果模拟 3

三、技术实施

上海中心大厦艺术照明的控制核心是总控制室的 4 台灯光控制服务器，其中 1 台为备用的灯光服务控制器，其 V 槽、塔冠、中庭的灯光都是由单独的灯光控制服务器控制的，冷却塔与 V 槽共用一台主机，总控中心还配备了多套工业级千兆核心交换机，可便捷地采用笔记本电脑进行灯光场景的修改和系统的检修维护，备用灯光服务器出现故障的情况下，可以随时进行替换，保证了系统的高可靠性（图 6-1-4 ）。

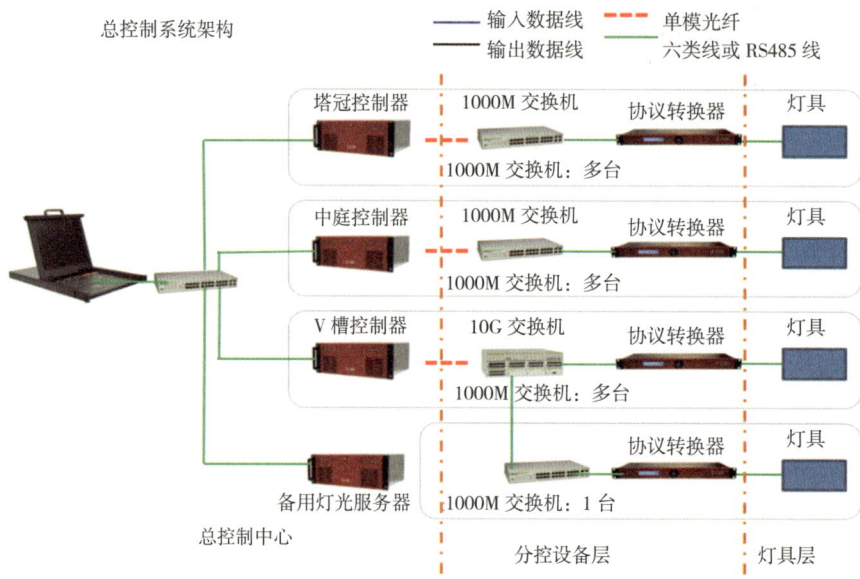

图 6-1-4　总控制系统架构

第二节　遵义忠庄河湿地公园 [1]

一、项目背景

忠庄河湿地公园景观位于贵州遵义，设计范围全长 2.7km（图 6-2-1 ），包括人行道、道路绿化景观、道路节点景观及部分滨河节点园林景观照明。

二、照明策略

设计围绕景观设计主题"映山红"展开。通过运用多层次的艺术灯光表现手

---

[1]　遵义忠庄河湿地公园案例由上海企一照明提供。

图 6-2-1　忠庄河湿地公园鸟瞰图

法，增强了滨河空间的立体感和纵深感，使公园的夜景形态主次分明，错落有致，如图 6-2-2 所示。设计巧妙地将遵义革命红色文化融入设计中，通过运用不同的元素来展现遵义地方特色。红色（桥廊）代表遵义的红色传承；绿色（绿化）象征健康的生态文明；蓝色（水体）则是纽带与传承的象征（图 6-2-3）。

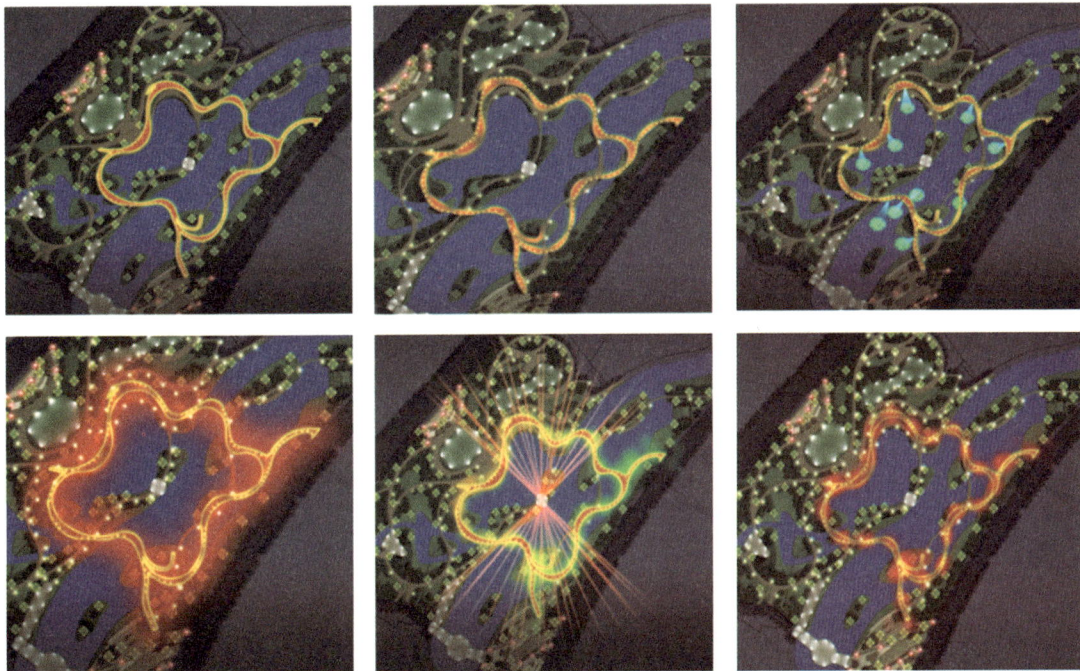

图 6-2-2　忠庄河湿地公园艺术照明概念图

图 6-2-3　忠庄河湿地公园艺术照明效果图

三、技术实施

　　项目采用的光电玻璃与建筑完美融合，最大程度地减少了对公园白天景观的影响。建筑以现代、通透、简约的灯光表现为主；而景观区域则展现出灵动且富有内涵的夜间形态。通过智能照明控制系统的便捷控制管理功能，可以在保证效果呈现的基础上，根据公园游览时段设置场景模式及灯具工作时间，从而兼顾节能效果（图 6-2-4）。

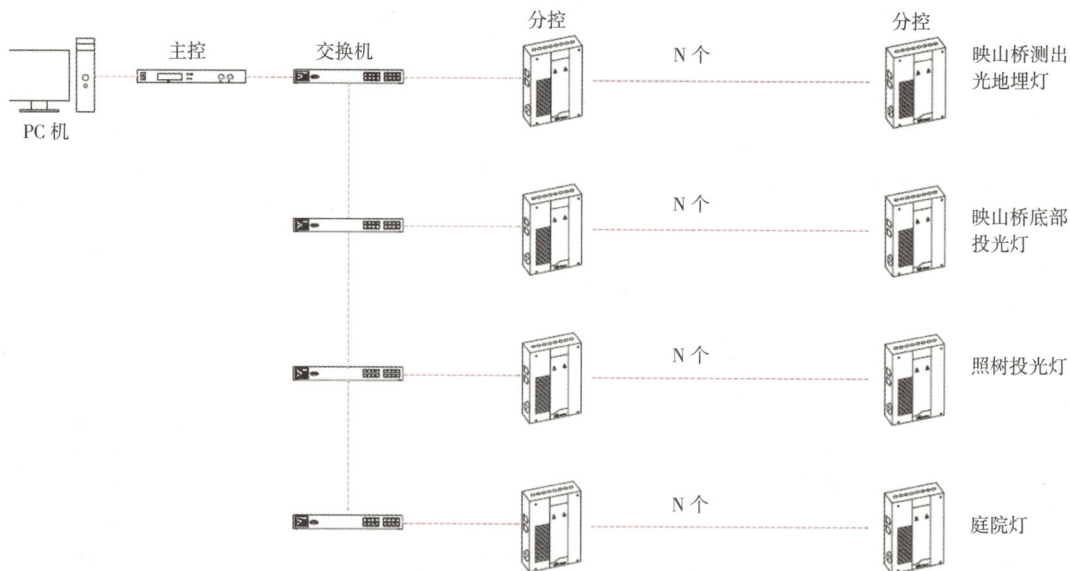

图 6-2-4　忠庄河湿地公园智能照明总控制系统架构

第三节　SAGAYA 餐厅

一、项目背景

SAGAYA 餐厅是一家位于日本东京的高级料理餐厅，以其独特的沉浸式艺术灯光体验而闻名。该项目由知名的光艺术团队 teamLab 设计，他们巧妙地将灯光、投影和声音完美融合，为顾客创造出一种独一无二的就餐体验。

二、照明策略

餐厅内部的墙壁和桌面上利用投影设备展示出各种自然景观，如流水、花卉、鱼群等。这些动态画面随着时间和季节的变化而改变，使顾客仿佛置身于美丽的自然环境中。当顾客在桌面上放置菜肴时，投影的画面会根据菜肴的形状和颜色产生相应的变化。餐厅的整体灯光设计无不体现出对细节的关注，结合先进的控制系统，可以基于顾客的体验和需求随时调整灯光色温和亮度，使就餐氛围更加个性化和多样化（图 6-3-1）。

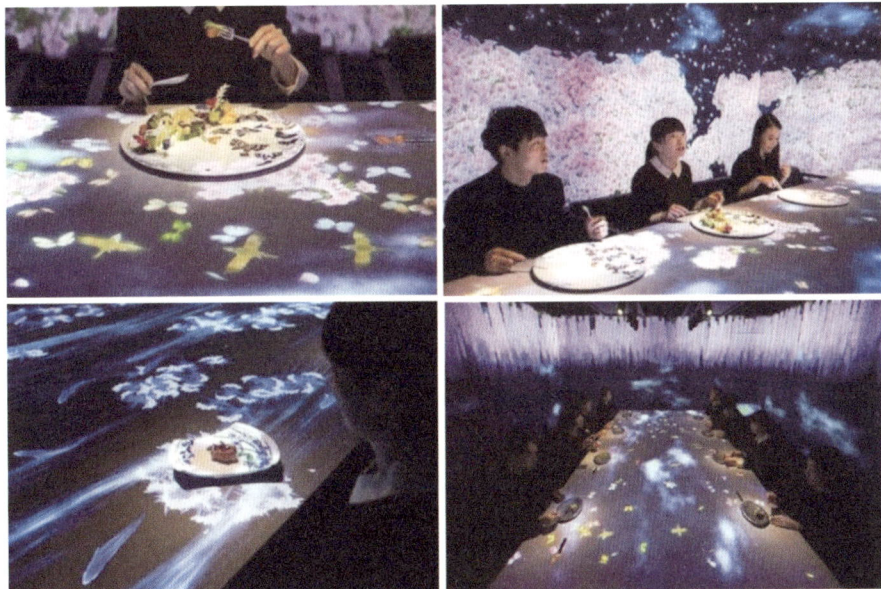

图 6-3-1　投影投射在空间的每一面墙壁和餐桌上

三、技术实施

SAGAYA 餐厅的灯光控制系统与投影设备联动，顾客的就餐等行为可以通过红外传感器触发环境灯光变化；同时，设计团队还采用图像识别技术，实时捕捉桌面上的菜肴，并根据菜肴的形状和颜色生成相应的投影画面；为了进一步增强沉浸式体验，teamLab 还融入了匹配投影内容的声音设计。通过智能控制系统，将投影仪、传感器和扬声器等设备整合在一起，实现各种设备的协同工作。这样就可以根据顾客的需求和喜好，自动调整投影画面、音效等内容。

第四节 "忘不了的家"居住空间 ❶

一、项目背景

艺术化的光影表达并不局限于五彩斑斓或流光溢彩的效果，对于居住空间而言，通过空间改造的灯光设计，也能营造出带有艺术氛围的温暖环境，这种环境不仅靠色彩，更依赖舒适的光影效果。该项目位于山东省滕州市清河路农业银行宿舍，建筑属预制板结构，服务对象为患有阿尔茨海默病的老人（图 6-4-1）。

图 6-4-1 居住空间改造前实景

二、照明策略

设计师以照明的适老化设计作为出发点，充分考虑了使用者的视觉特点和病情，对照明的功能指标及光的空间分布进行了精心设计，目标是提高使用者的认知能力、减少隐患，并营造一个舒适、温馨的照明环境。设计以"'光'、爱"为表现主题，增加了室内灯光"柔软"的艺术化表现，尽可能隐藏光源以减少直接眩光的影响，同时，通过模拟日光色温以及照度的调整，进一步提升居住空间的舒适性，增强空间体验的满足感和幸福感。

---

❶ "忘不了的家"居住空间案例由上海企一照明提供。

三、技术实施

项目采用了无线智能照明控制系统，通过编程能够对灯具进行单独和分组控制，实现亮度、色温的线性调整。智能控制系统不仅可以根据需求营造多样化的光场景，帮助阿尔茨海默病老人规律生活作息，还能通过无线控制进行操作，为居住者带来高效、便捷的使用体验（图 6-4-2）。

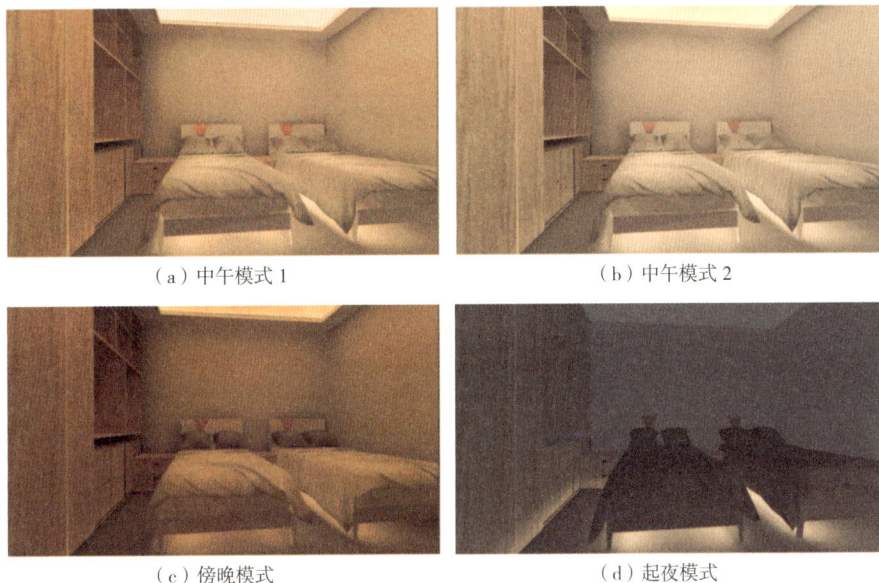

（a）中午模式 1　　　　　　　　　　（b）中午模式 2

（c）傍晚模式　　　　　　　　　　　（d）起夜模式

图 6-4-2　居住空间改造后照明场景模式

第五节　深圳中兴和泰海景酒店

一、项目背景

深圳中兴和泰海景酒店是一家以海洋为主题的五星级主题酒店，建筑的格局和形式上都运用海浪曲线理念，立面为大面积的石材与现代落地窗户装饰。

二、照明策略

艺术照明设计主题突出海洋文化元素，以蓝天与海洋色彩为主基调，勾画出建筑如海浪般的曲线造型。建筑的阳台位置点缀透光效果，并通过智能控制系统，提供分时段和分模式的灯光效果。

酒店景观区域采用了部分弱化的设计手法，旨在利用光影的虚实对比呈现出宁静而宜人的光艺术效果（图6-5-1）。

图6-5-1 中兴和泰海景酒店夜景

酒店室内部分照明在满足功能需求的同时，同样运用光影突出海洋元素的主题。大堂天花采用了2瓦小功率灯具和圆形灯箱，通过智能控制系统在夜晚呈现闪烁的星空和流星划动的艺术化效果（图6-5-2、图6-5-3）。

图6-5-2 平面灯光布局实景及部分图片

图6-5-3 酒店大堂区域照明效果

三、技术实施

酒店户外照明均采用DMX512控制系统，景观灯光则使用环境照度感应式装置实现亮度的自动调节；大堂灯光采用RS485智能照明控制系统，实现不同时段使用模式的切换。尤其是在夜间入住高峰时，大堂所有灯具自动调节到100%亮度，并通过个别射灯的闪烁状态，模拟繁星闪耀，圆形灯箱则呈现出月亮的形态，通过控制不同光源的开闭，形成满月、弦月等光斑形态（图 6-5-4、图 6-5-5）。

图 6-5-4　酒店餐厅照明效果

图 6-5-5　酒店客房照明效果

第六节　某品牌国际商务中心 5A 写字楼

一、项目背景

项目为某知名品牌办公空间室内艺术照明设计，以满足办公＋休闲光环境氛围为基本设计目标，坚持营造具有视觉延伸性和艺术审美的光影表达，打破对传统办公区域以功能为主的固有照明设计手法，通过光影的明暗变化和趣味性，与企业文化和品牌精神相契合，兼顾功能性与艺术性（图 6-6-1）。

图 6-6-1　前厅照明设计效果图

二、设计策略

设计以满足功能、尊重员工、提高舒适度、营造氛围为基本原则，基于不同办公空间场所的功能、性质及装饰风格，提出满足功能条件下的艺术化光影表现手法。最突出的特点是摒弃了以满足照度指标为目标的办公规则化灯具布置模式，采用化整为零、按需分配的方法，通过合理规划不同空间灯具选型及点位，参考办公作业模式、使用者行为特点甚至个人喜好，结合智能照明控制系统，实现人性化、个性化和多样化的办公照明环境。空间整体光环境在设计师合理配置光源色温、灯具光束角和艺术光影的基础上呈现出统一性（图 6-6-2、图 6-6-3）。

图 6-6-2 独立办公室通过明暗及光形变化区分出洽谈区与办公区

图 6-6-3 公共办公区打破灯具阵列布置的艺术照明方法

三、技术实施

办公空间所有区域均采用 RS485 智能照明控制系统。根据不同空间的控制策略差异，引入红外感应、时控以及光传感器等输入单元，实现基于作业情况（正常办公、加班）及其他客观条件（季节、采光）变化的自动控制。系统还可以随时切换为手动控制模式，最大程度地满足办公的个性化需求。在对外展示、接待访客及其他特殊照明要求的情况下，可通过智能照明控制系统方便快速地调用储存的预设灯光场景。

第七节 珠海金湾市民艺术中心

一、项目背景

珠海金湾市民艺术中心由扎哈·哈迪德建筑事务所设计，北靠小横琴山，南临天沐河。建筑主体北高南低，通过三个连续的拱形城市客厅，营造独特的聚集空间。结合地面绿化广场，形成从上至下、由北向南的连续立体绿化景观，呼应天沐河生态绿色环境，打造了一个开放共享、人与自然和谐对话的城市会客厅。

二、照明策略

建筑设计灵感来源于成群的飞鸟，起伏的流线轮廓和多变的立面造型给人以视觉震撼（图 6-7-1）。灯光设计希望通过光影勾画建筑起伏和多变的立面造型，形成基于流动感的建筑夜间形态（图 6-7-2）。

图 6-7-1 珠海金湾市民艺术中心夜景效果图（鸟瞰）

图 6-7-2　珠海金湾市民艺术中心夜景效果图（近人尺度）

　　灯光凸显了大剧场立面流线型结构，连续的光线增强了建筑的整体性（图 6-7-3）。考虑到建筑内外灯光的联系，剧场室内照明设计采用了花瓣和花蕊的设计意向，在满足功能使用的前提下，采用间接的光影加强了花瓣形态的辨识度，并通过智能控制系统实现动态效果呈现（图 6-7-4）。

图 6-7-3　珠海金湾市民艺术中心剧场室内照明处理方式（局部）

图 6-7-4　珠海金湾市民艺术中心剧场花瓣形态艺术光影布灯及效果图

三、技术实施

建筑室内外均采用 DMX512 智能照明控制系统。除可满足室外艺术光影的动态变化，还可兼顾室内不同使用模式的艺术光影切换。例如，在大剧院开启入场模式时，所有灯具开启并自动调节至最高亮度，还可以对单独的灯具调光，创造独特的光影效果；演出模式时，只开启部分灯间接照明灯光，以确保剧场演出的同时营造环境氛围；退场模式时，开启交通空间部分灯光，以满足人流通行和疏散需求（图 6-7-5）。

图 6-7-5　珠海金湾市民艺术中心剧场照明实景图

第八节　2022 中国·重庆国际光影艺术节光艺术作品

一、项目背景

2022 中国·重庆国际光影艺术节是国内首次汇集"灯光影像、灯光艺术、灯光装置"三大艺术板块的国际性光影公共艺术活动。节日主会场选址于四川美术学院黄桷坪校区所在地——涂鸦艺术街，来自二十多个国家的百余件光影艺术参赛作品、街区的装置和灯光秀作品使街道和建筑被璀璨的光芒点亮。

二、设计策略

光影艺术节以灯光秀的形式呈现。设计主题为"流光绘影：艺术让生活更美好"，强调将艺术浸入城市，让科技融入生活，充分展现重庆半岛艺术湾别样的文化气质，以艺术化的光影语言创新性展示"美丽艺术湾、美好新生活"，以下介绍影像和装置两个部分的光艺术作品。

1.《光韵》

设计：上海倘思照明设计有限公司

此设计运用"流动""气脉""重构"这三个主题，表达艺术在四川美术学院的自由生长。根据建筑的结构形态而组合变化、交织呼应。影像与建筑合为一体，影随形走，形转体变，感受形态与色彩碰撞的艺术。建筑内部辅助利用泛光，与流光溢彩的投影画面相互呼应，光影的律动与建筑的形态产生有机融合（图 6-8-1）。

图 6-8-1 《光韵》现场效果展示

2.《蒸汽蓬勃》

设计：四川美术学院 黄彦

此设计以主题"蒸汽蓬勃"进行一系列的延展。将"艺术半岛、工业开埠、电厂的冷却与废止、重庆地形"等现状要素转化为"蒸汽波、水与火、强烈对比以及重庆能量"等可视化图像。高饱和度、高对比的光影色彩与可变投影图案的组合，增加了建筑夜间形态的独特性和神秘感（图6-8-2）。

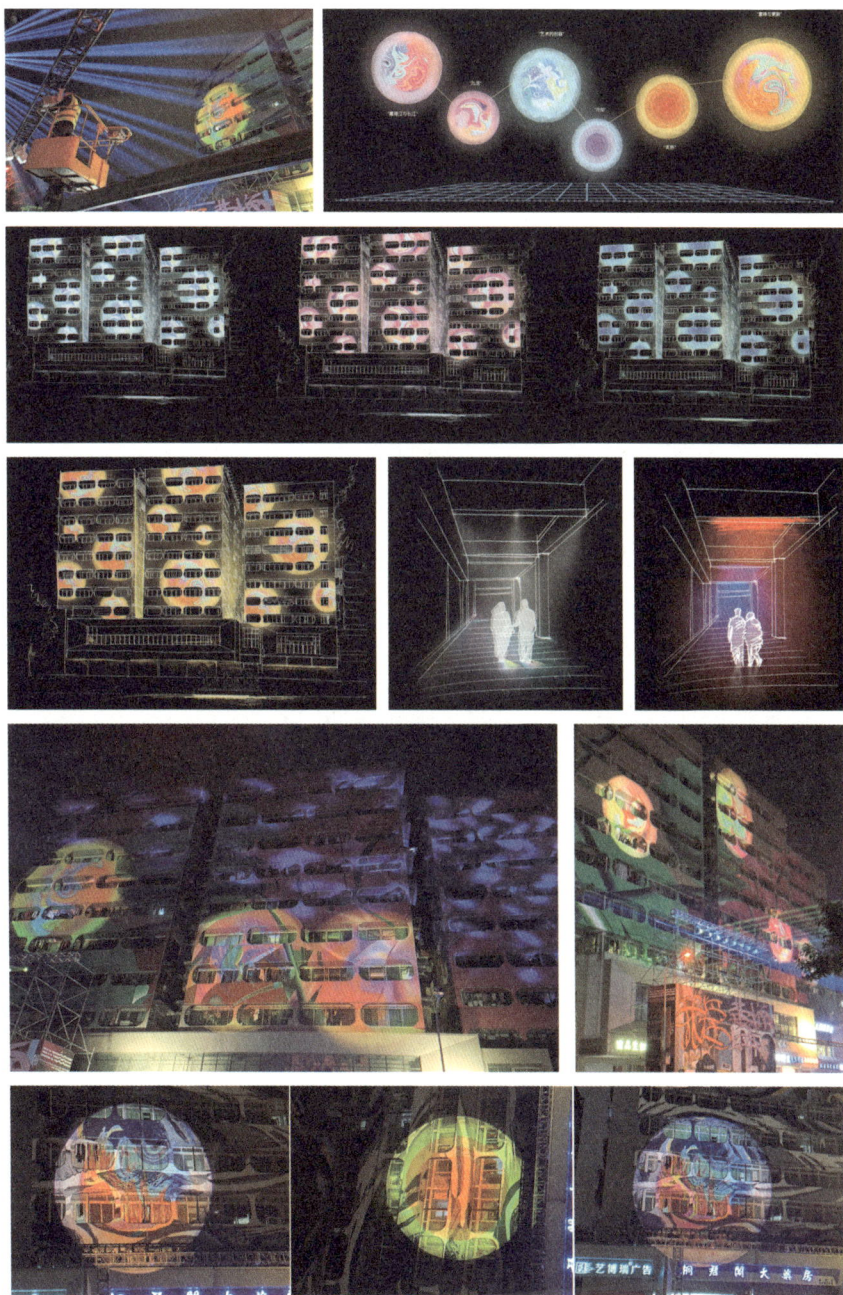

图6-8-2 《蒸汽蓬勃》现场效果展示

3.《蜕变》

设计：MP-STUDIO（保加利亚·索菲亚）

《蜕变》为 2022 中国·重庆国际光影艺术节金奖作品，设计灵感源自弗兰兹·卡夫卡（Franz Kafka）的《变形记》，作品诠释了光影像对建筑结构的打破和重组，视觉内容利用多元化风格的影像表现方法，以一种独特的方式将建筑结构与表现主题融为一体，通过不断变化的形态和纹理，在建筑表面模拟出光与色彩的自然流动（图 6-8-3）。

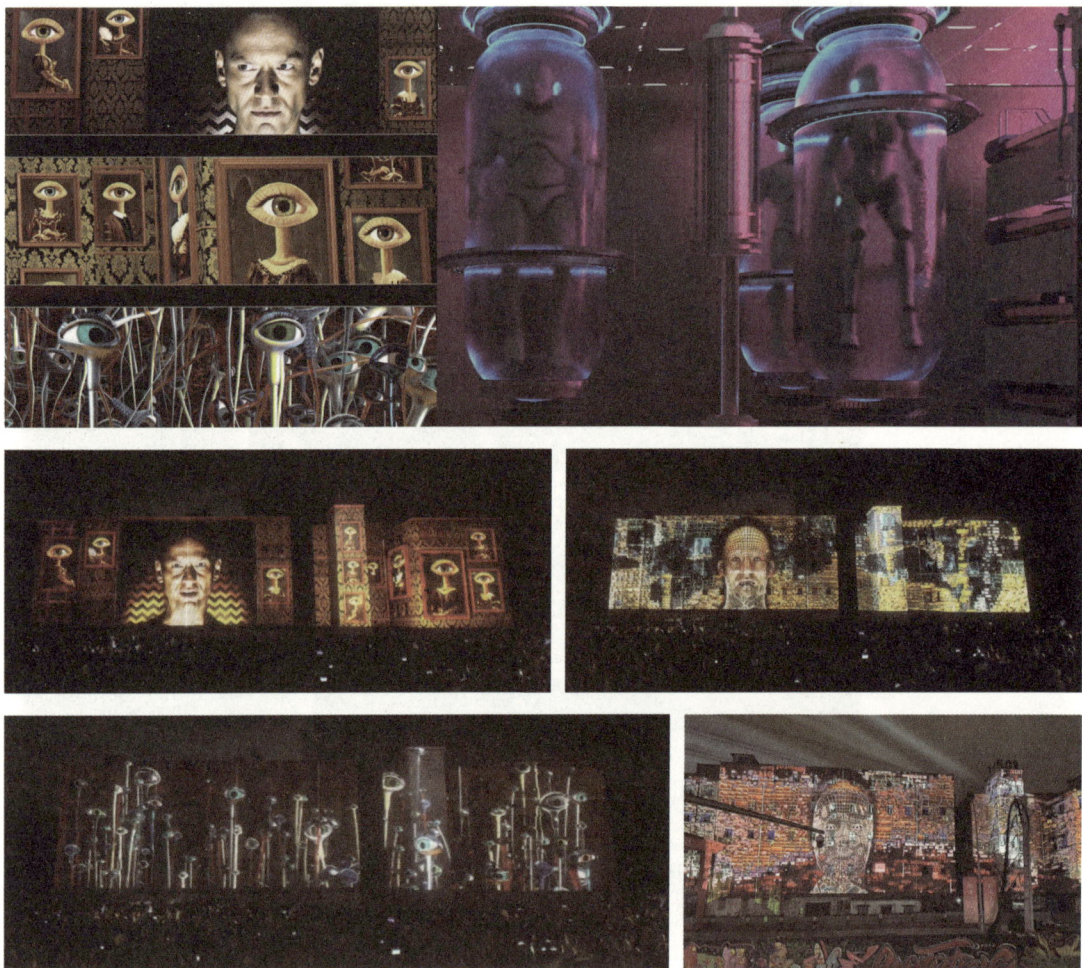

图 6-8-3 《蜕变》现场效果展示

三、技术实施

2022 中国·重庆国际光影节以"节日 + 竞赛"的组织模式，考虑到主会场整体艺术效果的呈现以及搭建条件的限制，在保证功能性和安全性的前提下，科学设计光纤信号线缆布线及架设方式，采用基于光纤网络的 ART NET 控制系统，通过 MA 主控台、TPU 进行网络信号转换和扩展，最终以音频的 MIDI 信号触发 DMX 灯光表演程序，对近 1km 长的所有灯具、装置和影像设备管控，并通过编程实现融合声音效果的震撼演出场景。

第九节　四川美术学院 80 周年校庆灯光秀

一、项目背景

灯光秀为四川美术学院 80 周年校庆期间举行的系列庆典活动的重要内容之一，选择了两大校区八处标志性区域作为光艺术载体，秉承着"过去照鉴未来"的主题，表达四川美术学院艺术精神传承和延续。

二、设计策略

灯光秀总体包括影像秀、灯光秀、建筑艺术照明、灯光装置四个部分内容，以下选取影像及建筑艺术照明作品进行介绍。

1.《沐光精灵》

设计：四川美术学院照明艺术研究所

此作品光艺术影像作品的投影载体为四川美术学院虎溪校区美术馆。建筑立面整体覆盖色彩斑斓、风格独特的瓷片画作。设计团队利用灯光艺术对建筑进行了重新演绎，在美术馆外墙这一尺度巨大的涂鸦墙上进行光绘影像的创作，为原有的瓷片涂鸦纹理赋予了富有寓意的动态变化，为夜间的美术馆注入了另一种生命力（图 6-9-1）。

图 6-9-1

图 6-9-1 《沐光精灵》现场效果展示

2.《四川美术学院红楼——黄桷坪校史纪念馆》

设计：深圳大晟环境艺术有限公司

红楼校史馆以静态灯光艺术来展现四川美术学院深厚的历史底蕴。打破传统建筑夜景照明用色及细节处理方法，通过投影设备，冷峻的蓝色线条勾勒红楼的轮廓，如同设计师手绘的建筑草图，与红楼上半部分暖色调的墙体形成了鲜明对比（图 6-9-2）。通过这种虚实结合、冷暖对比的手法，来表现四川美术学院历史的源远流长，灯光以虚线表现未完成的图纸手稿，寓意四川美术学院美育建设永不停歇。

三、技术实施

除开幕式主舞台及校内部分建筑、装置外，四川美术学院 80 周年校庆整体表现以 3D Mapping 影像为主，实施逻辑是先对投影载体进行原尺寸模型复刻，主要用于影像内容制作时的模拟参照，然后使用投影机设备于现场对各投射载体极其复杂的外立面进行图块描线，以保证画面最终能在可控的变形范围内贴合外立面涂装，最后采用融合拼接服务器在现场进行精准对位，音频内置于影像，统一通过服务器播放，服务器之间用 TCP/IP 进行联动。

图6-9-2 《四川美术学院红楼——黄桷坪校史纪念馆》艺术照明现场效果展示

第十节　其他实验性光艺术设计案例

一、九龙半岛美术公园改造项目《平衡与共生——燃烧 · 琛雨》

2022 年第二十届亚洲设计学年奖"光与空间"金奖

作者：孙海琳　王淳

指导老师：黄彦

此项目选址于重庆市九龙坡区九龙半岛美术馆公园，区域内工业化历史建筑保留相对完整，与区域内四川美术学院为代表的艺术教育区块形成了鲜明的新旧对比。考虑到视觉形态与人文氛围的碰撞和融合，设计以"平衡与共生"为主题，希望通过有别于常态的艺术化光影，引发人们对地域历史沿革和未来城市发展的思考。

设计团队从研究介入建构筑物的不同光艺术形态为出发点，对设计区域内建筑主体进行为艺术光影服务的"重构"（图 6-10-1）。利用灯光形态保留原工业元素视觉特性的同时，融入多样的光艺术表达手法。根据设计主题和夜间光环境氛围的营造目标，设计充分尊重不同建筑的功能性质，采用跳变的红色、蓝色调与强烈的明暗对比。局部装饰照明与光装置的设计也在视觉上也契合设计主题的表现。

图 6-10-1 《平衡与共生——燃烧·琛雨》设计效果图

二、九龙半岛美术公园改造项目《Rebirth·仓》

2022 第十届未来设计师·全国高校数字艺术设计大赛学生组重庆赛区三等奖

作者：李抒芮　周丹

指导老师：黄彦

此项目载体构筑物位于重庆市九龙坡区九龙电厂，隶属于九龙美术公园设计建设范围内。主体建筑功能为美术画苑，考虑原构筑物煤炭筒仓处位于九龙半岛沿江地段，加之形态作为重庆工业文明发展的阶段性产物，虽已停用并废弃，但希望通过光艺术的重塑，使庞大的工业零件能够留存城市的发展记忆。

光艺术设计选择了孕育、分裂和冲破为表现关键词，希望展现以主体筒仓为中心，呈辐射状分布的夜间光影形态。《Rebirth·仓》旨在为构筑物带来"重生"，赋予它具有"呼吸形态"的特质，与原本采用水泥材质的厚重形象形成对比，光影在冰冷的混凝土之间流动，透露出生命的温暖感。区域灯光有意识地向重生筒仓门庭引导，结合智能控制系统的光艺术手段，创造出极具沉浸感的交互形式（图 6-10-2）。

图 6-10-2 《Rebirth·仓》设计效果图

附录

附录一　常见智能照明控制系统术语

智能照明控制系统

利用计算机技术、网络通信技术、自动控制等技术，通过对环境信息和用户需求进行分析和处理，实施特定的控制策略，对照明系统进行整体控制和管理，以达到预期照明效果的控制系统。

控制管理设备

利用计算机网络系统对照明控制进行自动化操作和可视化管理的设备，通常包括中央控制管理设备、中间控制管理设备和现场控制管理设备。

输入设备

输入设备是将现场采集到的信息转化为系统信号的设备，包括传感器、控制面板、遥控器等。

输出设备

将接收到的系统信号进行处理以用作照明控制的设备，包括开关控制器、调光控制器等。

通信网络

以传输、交换和接入等通信设施和通信协议等相关工作程序有机建立的系统。

照明控制协议

在智能照明系统中，用于控制照明设备、传输控制信号的通信协议。

照明控制策略

为达到某种（预期）照明目的所实施的照明控制系统的基本方案。

模拟调光

在时间上或数值上都是连续的物理量称为模拟量。表示模拟量的信号称为模拟信号。把工作在模拟信号用于调光电路称为模拟调光。

数字调光

在时间上和数量上都是离散的物理量称为数字量。把表示数字量的信号称为数字信号。把工作在数字信号下的调光电路称为数字调光。

附录二 智能照明控制系统分类及功能特点（附表 1、附表 2）

附表 1　有线通信协议

协议类型	应用方式	拓扑结构	节点数	传输媒介	传输速率	传输距离	特点	适用范围
DALI	控制器之间、控制器和网关之间	总线、星型、混合型	64	0.75~1.5mm² 的普通导线，接线无极性要求	1200 bps	一般小于 300m（最远两端的总线电压降不能超过 2V），加放大器后可延长至 600m	开放性标准协议，各品牌产品间可具有较好的互换性和兼容性；使用普通线材，布线简单；可双向传输信息，可单个装置或类组控制；支持照明灯具的独立、分组(分区)或全局同时控制；数据结构简单，电磁干扰小，数据通信不受市电或无线电干扰，抗干扰能力强，适应性广；电路无通用 IC 芯片支持，需要各自进行模拟和电子线路搭建，成本高；系统支持的节点数较少，但可通过分组扩展	广泛用于调光、调色照明场所
DMX（DMX512-A、RDM、Rdmx）	控制器之间、控制器和网关之间	总线、星型	512	双绞线	250kbps	≤ 500m	传输速度快，刷新率高，延迟性小；分组、场景、渐变时间等参数均可储存在主机中；可实现智能控制系统与演绎灯光同平台控制；传输信号错误率高；单向传输信号（RDM 可双向传输）；单个控制系统可控制的照明回路数量有限；地址码设定繁琐	舞台灯光、景观照明、体育照明与演绎灯光联控
DMX1024、RDM（X）	控制器之间、控制器和网关之间	总线、星型	1024	双绞线	250~500kbps	≤ 300m	回路简单，传输速度快，延迟性小；分组、场景、渐变时间等参数均储存在主机中，主机工作量大；可实现智能控制系统与演绎灯光同平台控制；单个控制系统可控制的照明回路数量可达 1024；支持 250~500k 波特率自适应；单向传输信号（RDM-E 可双向传输）	景观照明、体育照明与演绎灯光联控
KNX	控制器之间、控制器和网关之间、网关和管理控制系统之间	总线、星型、树型	57375（双绞线拓扑网络内 15 区域，每个区域 15 支线，每支线 64 节点，最多扩展到 255 个模块）	专用 KNX/EIB 双绞线缆、射频、电力线、IP/Ethernet	9.6kbps	≤ 1000m	线路简单，安装方便，易于维护；系统具有开放性，可与其他楼宇系统结合；产品多样，各类控制产品都有解决方案；同类产品有多家生产商；可实现一控多、多控一、区域、群组控制、场景设置、定时开关、亮度手动或自动调节等多种控制任务；网络拓扑结构多样；系统规模较大；开发难度大；认证费用较高；成本较高，需要专用系统电源、维护成本高	用于楼宇自控：采光照明、暖通空调、监控系统、安保系统、能源管理等

协议类型	应用方式	拓扑结构	节点数	传输媒介	传输速率	传输距离	特点	适用范围
BACnet	控制器之间、控制器和网关之间、网关和管理控制系统之间	总线、星型、树型	无限制	ARCNET、以太网、BACnet/IP、RS-232、RS-485、LonTalk	同轴电缆：2.5Mbps 以太网：100Mbps	—	协议针对采暖、通风、空调、制冷控制设备所设计的，为照明提供了集成基本原则； 开放性好； 具有良好的互连性和扩展性； 良好的伸缩性； 没有限制系统节点数； 在定义了公用的强制使用属性外，还有可选属性，而这些专有属性不能共享； 定义了庞大复杂的对象及属性，不便于用户配置控制系统	用于楼宇照明控制集成
ModBus	控制器之间、控制器和网关之间、网关和管理控制系统之间	总线	32	RS485 线	300~115.2 kbps	≤1800m	主从控制方式简单，比较适合于一个集中区域的工业设备的控制及监测； 较多的设备支持该协议； 线路简单，造价低廉，宜作近距离通信； 主站轮询的方式进行，系统的实时性、可靠性较差； 网络节点数量较少； 信号幅度小，抗干扰能力差； 当系统出现多节点同时向总线发送数据时，易导致总线瘫痪； 不能连接树状总线	隧道照明控制
PLC	控制器之间、控制器和网关之间	不限	9999 台集中控制器，256 万单灯	电力线、4~60Hz 跳频、同相线	5500bps（载波频率132kHz）	≤500m	复用电源线来传输数据，不用重新再铺通信线，施工方便； 受电网的干扰较大，也会污染电网； 需在电网中同一个变压器内进行数据传输，通过变压器需要特殊设备； 需要提供额外的滤波器件	道路照明控制、家居照明控制
POE	控制器之间、控制器和网关之间	—	取决于POE 交换机的接口及POE 供电的总功率	以太网 Cat.5 及以上布线基础架构	10/100/1000Mbps	≤100m	简化布线、节省人工成本：确保现有结构化布线安全的同时保证现有网络的正常运作； 安全方便：POE 供电端设备只会为需要供电的设备供电，消除了线路上漏电的风险。用户可以安全地在网络上混用原有设备和POE 设备，这些设备能够与现有以太网电缆共存； 便于远程管理：POE 可以通过使用简单网管协议（SNMP）来监督和控制该设备； 成本较高，有待 POE 交换机降低成本	LED 室内照明控制
KiNET	控制器之间、控制器和网关之间、网关和管理控制系统之间	星型、树型、链式	15000	以太网线	100/1000 Mbps	≤100m	标准以太网支持； 支持自动配置简化安装	景观照明控制

续表

协议类型	应用方式	拓扑结构	节点数	传输媒介	传输速率	传输距离	特点	适用范围
ArtNet	控制器之间、控制器和网关之间、网关和管理控制系统之间	星型、树型、链式	32768	以太网线	100/1000Mbps	≤ 100m	支持基于 TCP/IP 的以太网协议，网络扩展灵活	景观照明控制
Dynet	控制器之间、控制器和网关之间、网关和管理控制系统之间	总线、链式	不限制	RS-485 线	—	≤ 1000m	线路简单，安装方便，易于维护；可实现单点、双点、多点、区域、群组控制、场景设置、定时、亮度手动或自动调节等多种控制任务；网络拓扑结构多样；系统规模较大	楼宇照明控制
Bq-bus	控制器之间、控制器和网关之间、网关和管理控制系统之间	总线、星型、树型	不限制	RS-485线、以太网线	—	≤ 1000m	系统结构简单清晰、网络拓扑灵活，易于系统拓展，易于维护，应用设计及安装方便，系统管线及安装费用较低；系统软件功能较强，通过简易软件配置操作，实现单点、双点、多点、区域、群组控制、场景设置、定时开关、亮度手自动调节等各种常用控制任务；能够现场实现照明设计顾问及用户需要的各种特别应用逻辑功能；系统规模较大	楼宇照明控制
C-Bus	控制器之间、控制器和网关之间、网关和管理控制系统之间	星型、链式、混合型（T型、自由拓扑）	每个网段元件≤ 100	双绞线	9600bps	≤ 1000m	线路简单，安装方便，易于维护，节省大截面线材消耗量，降低成本和维修管理费用，安装工期较短，投资回报率高；开放式设计，方便与其他系统连接；可靠性高；软件应用功能强大	楼宇照明控制
ORBIT	网关、网关和管理控制系统之间	不限	不限制	二线式，可在交流和直流电力线上传输	9600bps	<1000m	布线简单；无极性，施工方便；可双向传输信息，可以实现回路、场景、区域控制、定时控制、手动强制开关，可进行整个广播地址所有装置同时控制；数据通信具有前向纠错功能，通信数据包的 CRC 校验，抗干扰能力强，适应性广	道路智能控制、家居智能控制、楼宇自控、景观照明控制

附表 2　无线通信协议

协议类型	应用方式	拓扑结构	节点数	传输媒介	传输速率	传输距离	特点	适用范围
Wi-Fi	控制器之间、控制器和网关之间	星型、混合型（Adhoc 自组网结构）	每个路由器可支持十几个节点	2.4 GHz	几十至几百 Mbps，Gbps	10~75m	全球通用的无线宽带网络标准； 几乎所有智能终端设备都支持 Wi-Fi 通信； 无须额外的网关接入互联网； 传输的安全性较低； 无线 AP 支持的节点数量有限； 支持的节点数量有限； Wi-Fi 功耗较大	智能单品、智能家居照明控制等领域
RF（含 Zigbee、Clear Connect）	控制器之间、控制器和网关之间	星型、树型、混合型（网状）	65536（256 个路由器，每个路由器 256 个节点）	2.4GHz/780MHz/433MHz/868MHz	10~250 kbps	10~75m	低功耗、低成本，网络规模大； 提供数据加密，安全性好； 自由组网，可扩展性好； 多主通信，效率较高； 无线通信，无须布线，安装方便，故障隔离性好； 需单独节点供电； 受干扰概率高，可靠性较低 通信距离较短； 通信速率较低	无线传感器网络应用领域、传感器信息采集，三表抄收等智能建筑领域；ZLL 专用于家庭智能照明控制
Bluetooth（BLE）	控制器之间、控制器和网关之间	链式、总线、星型，混合型（多对多）	32776（理论 BLE Mesh）	2.4 GHz	125k~24Mbps	≤ 10 m	支持语音和数据传输； 抗干扰性强，不易窃听； 功耗低； 成本低； 节点支持数量少； 不支持路由功能； 常规蓝牙，低功耗蓝牙，MESH 蓝牙存在多模模式	智能单品、汽车、智能家居照明控制、医疗保健、工业照明等领域
NB-IoT	集中控制器（网关）和中心控制管理系统之间	链式、星型、总线	50000 nodes/station	800MHz/900MHz/1800MHz	250kbps	≤ 2km	低成本，低功耗； 大连接，广覆盖； 由运营商建设网络，保证网络安全和质量； 时延大，数据带宽小，不支持语音，需要收费使用	抄表，道路照明控制领域
QS-LINK	控制器之间、控制器和处理器之间	混合型（自由拓扑）	每个链路 99 个	四芯线缆（护套软线＋屏蔽双绞线）	250kbps~1Mbps	≤ 600m	自由拓扑结构，线路简单，安装方便，易于维护； 总线供电，可靠性强； 可实现场景控制、定时控制、手动控制、无线控制、占空控制、日光控制、窗帘自动控制等多种控制任务； 系统开放性强，可与楼控、中控等第三方系统无缝集成； 可与自动窗帘系统无缝集成； 系统易扩展，规模大；	楼宇照明控制，家居照明控制
LoRa	控制器之间、控制器和网关之间	链式、总线，星型点到多点	10000 nodes/ station	150 MHz 到 1 GHz	0.3~37.5kbps	1~20km	低带宽，低功耗，超长距离，广覆盖； 可独立建网和部署； 传送速率低和数据负荷低	道路照明，抄表等

协议类型	应用方式	拓扑结构	节点数	传输媒介	传输速率	传输距离	特点	适用范围
Z-Wave	控制器之间、控制器和网关之间	混合型（网状）	232	908.42MHz（美国），868.42MHz（欧洲）	100kbps	室内≤30m，室外可超过100m	协议简单，开发更快，也更简单； 始终专注于家庭应用，目标应用领域更明确，因而其协议结构也相对简单得多； 运行在更低的工作频率下，因此 Z-Wave 传输距离比 ZigBee 更大，连接也更稳定； Z-Wave 芯片只能通过 SigmaDesigns 获取； SigmaDesigns 只卖给 OEM、ODM 和其他主要客户； Z-Wave 相对封闭、门槛较高	家居照明控制等

注　智能单品是指采用 Wi-Fi、蓝牙等无线通信技术实现简单功能的单体智能化消费电子产品。

附录三　筒灯配光曲线标准格式示例

IESNA：LM-63-2002

[TEST]

[TESTLAB] XXX Lighting

[TESTDATE] 2020-12-17

[ISSUEDATE] 2020-12-17 14：26：21

[NEARFIELD]

[LAMPPOSITION] 0，0

[OTHER] EVERFINE GO-R5000_V2 SYSTEM

[MANUFAC] XXX Lighting

[LUMCAT] RDAD35-10E-230SWT

[LUMINAIRE] 嵌入式灯具

TILT=NONE

1	849.22	1	181	17	1	2	0.075	0.075	0.000
1.000	1	10.5083							
0.0	1.0	2.0	3.0	4.0	5.0	6.0	7.0	8.0	9.0
10.0	11.0	12.0	13.0	14.0	15.0	16.0	17.0	18.0	19.0
20.0	21.0	22.0	23.0	24.0	25.0	26.0	27.0	28.0	29.0
30.0	31.0	32.0	33.0	34.0	35.0	36.0	37.0	38.0	39.0
40.0	41.0	42.0	43.0	44.0	45.0	46.0	47.0	48.0	49.0
50.0	51.0	52.0	53.0	54.0	55.0	56.0	57.0	58.0	59.0
60.0	61.0	62.0	63.0	64.0	65.0	66.0	67.0	68.0	69.0
70.0	71.0	72.0	73.0	74.0	75.0	76.0	77.0	78.0	79.0
80.0	81.0	82.0	83.0	84.0	85.0	86.0	87.0	88.0	89.0
90.0	91.0	92.0	93.0	94.0	95.0	96.0	97.0	98.0	99.0
100.0	101.0	102.0	103.0	104.0	105.0	106.0	107.0	108.0	109.0
110.0	111.0	112.0	113.0	114.0	115.0	116.0	117.0	118.0	119.0
120.0	121.0	122.0	123.0	124.0	125.0	126.0	127.0	128.0	129.0
130.0	131.0	132.0	133.0	134.0	135.0	136.0	137.0	138.0	139.0
140.0	141.0	142.0	143.0	144.0	145.0	146.0	147.0	148.0	149.0
150.0	151.0	152.0	153.0	154.0	155.0	156.0	157.0	158.0	159.0
160.0	161.0	162.0	163.0	164.0	165.0	166.0	167.0	168.0	169.0
170.0	171.0	172.0	173.0	174.0	175.0	176.0	177.0	178.0	179.0
180.0									

0.0	22.5	45.0	67.5	90.0	112.5	135.0	157.5	180.0	202.5
225.0	247.5	270.0	292.5	315.0	337.5	360.0			
3544.6	3491.1	3416.5	3321.1	3200.8	3060.8	2907.8	2743.9	2564.6	2376.1
2181.9	1986.4	1794.5	1605.8	1422.6	1245.3	1096.8	948.22	799.68	673.23
560.22	465.54	386.66	317.44	258.85	210.56	170.77	138.93	117.69	96.466
75.279	61.78	50.898	42.138	34.977	29.187	24.509	20.595	17.425	14.672
12.679	10.695	8.7115	7.1638	5.8271	4.6928	3.7811	3.0732	2.4864	1.982
1.551	1.1859	0.88179	0.64688	0.47734	0.32839	0.18243	0.16258	0.14511	0.12899
0.11356	0.10328	0.09498	0.089363	0.082574	0.077181	0.073321	0.069075	0.063252	0.060614
0.053994	0.041725	0.029246	0.017722	0.007117	0.000084	0	0	0	0
0	0	0	0	0	0	0	0	0	0
0	0	0	0	0	0	0	0	0	0
0	0	0	0	0	0	0	0	0	0
0	0	0	0	0	0	0	0	0	0
0	0	0	0	0	0	0	0	0	0
0	0.0033913	0.013973	0.026747	0.040889	0.055691	0.071498	0.088283	0.1082	0.12614
0.1505	0.17883	0.21207	0.24944	0.28675	0.32379	0.35671	0.3902	0.41744	0.44261
0.46882	0.49395	0.52381	0.55829	0.60173	0.66306	0.7367	0.85831	1.0324	1.3299
1.4861	1.4707	1.4124	1.2757	1.1056	0.80545	0.49525	0.48863	0.48561	0.48149
0.47726	0.47216	0.47008	0.47193	0.48715	0.51205	0.53846	0.5747	0.61909	0.66874
0.71701									
3544.6	3507.4	3447.2	3365.3	3259.3	3133	2991.9	2835	2661.6	2479
2291.5	2096.6	1902.9	1716	1526.6	1345.5	1187.2	1029	870.83	736.86
616.2	513.86	426.54	351.41	289.2	237.1	195.48	159.77	131.16	111.42
91.683	71.944	59.283	48.762	40.449	33.438	27.885	23.127	19.465	16.238
13.593	11.675	9.7626	8.1428	6.7448	5.5515	4.4855	3.6028	2.9172	2.3514
1.8772	1.4753	1.1309	0.83518	0.61007	0.44996	0.32114	0.18135	0.15093	0.13832
0.12498	0.11218	0.10348	0.095738	0.089331	0.082318	0.078406	0.074586	0.070023	0.065322
0.06284	0.056514	0.045337	0.036755	0.026568	0.016198	0.000100	0	0	0
0	0	0	0	0	0	0	0	0	0
0	0	0	0	0	0	0	0	0	0
0	0	0	0	0	0	0	0	0	0
0	0	0	0	0	0	0	0	0	0
0	0	0	0	0	0	0	0	0	0
0.00041307	0.010444	0.020592	0.032972	0.045001	0.058135	0.071821	0.087265	0.1051	0.12259
0.1432	0.17016	0.19971	0.23457	0.27112	0.308	0.34399	0.37993	0.41227	0.44073

0.46812	0.49441	0.52435	0.55056	0.58068	0.61583	0.66656	0.67063	0.65165	0.64672
0.67841	0.69838	0.6566	0.57083	0.49723	0.49572	0.50998	0.49592	0.49066	0.4886
0.48482	0.47932	0.47843	0.47807	0.48634	0.50552	0.53193	0.56799	0.60779	0.65617
0.71701									
3544.6	3527.3	3484.8	3418.9	3330.8	3221.4	3090.1	2941.8	2777.5	2599.9
2416.5	2222.9	2024.1	1829.2	1633.7	1449.5	1272.7	1119.2	966.02	812.85
683.63	571.42	476.13	396.85	329.37	273.29	227.51	188.3	156.47	129.5
110.1	90.819	71.534	58.358	47.587	39.124	32.352	26.765	22.306	18.513
15.375	13.236	11.104	8.9726	7.4855	6.271	5.2184	4.3612	3.6435	3.0268
2.5284	2.0971	1.7347	1.4247	1.1434	0.90052	0.69891	0.53569	0.40283	0.29665
0.21253	0.1439	0.12236	0.11143	0.10251	0.096283	0.090314	0.08772	0.08149	0.076753
0.071368	0.063745	0.060405	0.052368	0.044691	0.038064	0.028284	0.0091643	0.000077	0
0	0	0	0	0	0	0	0	0	0
0	0	0	0	0	0	0	0	0	0
0	0	0	0	0	0	0	0	0	0
0	0	0	0	0	0	0	0	0	0
0	0	0	0	0	0	0	0	0	0
0	0	0.00086811	0.012784	0.024444	0.037141	0.050431	0.065056	0.083379	0.10469
0.12664	0.15402	0.18524	0.22061	0.25458	0.29054	0.32318	0.35511	0.38197	0.40593
0.4245	0.44243	0.45531	0.46688	0.4739	0.47865	0.48405	0.48915	0.49171	0.49625
0.49676	0.49676	0.49716	0.49593	0.493	0.49254	0.49254	0.49254	0.48872	0.48583
0.4837	0.47862	0.47649	0.47575	0.48358	0.49904	0.52341	0.55667	0.59518	0.63645
0.71701									
3544.6	3546.3	3526.9	3478.9	3410.3	3318.5	3205	3067.6	2908.8	2739.1
2552.5	2360.4	2161.9	1961.4	1762.5	1566.9	1382.8	1221.1	1059.7	898.34
756.89	635.47	530.13	440.1	365.67	302.54	250.16	206.32	169.16	138.93
117.74	96.672	75.598	61.468	50.513	41.523	34.172	27.916	22.978	19.036
15.751	12.975	11.01	9.0454	7.4831	6.1483	4.9925	4.0326	3.2559	2.6375
2.1462	1.7365	1.3841	1.0694	0.80159	0.59653	0.43943	0.32169	0.21752	0.14319
0.12527	0.11151	0.10197	0.092099	0.08231	0.076108	0.072627	0.066671	0.06002	0.057839
0.054937	0.050277	0.045692	0.038891	0.030778	0.022487	0.000015	0	0	0
0	0	0	0	0	0	0	0	0	0
0	0	0	0	0	0	0	0	0	0
0	0	0	0	0	0	0	0	0	0
0	0	0	0	0	0	0	0	0	0
0	0	0	0	0	0	0	0	0	0

0	0	0.000007	0.0033142	0.013487	0.02538	0.037884	0.051213	0.06784	0.085772
0.10656	0.13303	0.1627	0.19387	0.23039	0.26522	0.29898	0.33092	0.36178	0.38766
0.40987	0.42774	0.44359	0.45457	0.46349	0.47056	0.47694	0.48454	0.48872	0.49292
0.49381	0.49381	0.49381	0.49381	0.49254	0.49171	0.49255	0.49255	0.49295	0.48999
0.48787	0.4824	0.47946	0.47825	0.48386	0.49897	0.50635	0.52915	0.56534	0.60717
0.71701									
3544.6	3570.7	3575.1	3557.4	3511	3439.3	3348.6	3231.6	3092.3	2930.2
2756.3	2570.7	2385.1	2198.8	1990	1785.4	1582.9	1390.6	1208.5	1038.2
882.67	740.76	617.73	511.43	422.7	347.64	290.84	234.09	190.76	156.34
127.67	104.55	85.208	69.785	57.246	46.918	38.601	31.841	27.176	22.511
17.877	14.707	11.986	9.6306	7.6226	5.9383	4.6313	3.7019	2.9961	2.4141
1.9107	1.4616	1.0867	0.78639	0.54234	0.36512	0.23304	0.13965	0.11878	0.099084
0.080869	0.063961	0.053405	0.044184	0.037602	0.031309	0.027569	0.026733	0.025487	0.019222
0.018294	0.014606	0.0066076	0	0	0	0	0	0	0
0	0	0	0	0.0008331	0.041554	0.14518	0.20265	0.1834	0.13951
0.082105	0	0	0	0	0	0	0	0	0
0	0	0	0	0	0	0	0	0	0
0	0	0	0	0	0	0	0	0	0
0	0	0	0	0	0	0	0	0	0
0.00025385	0.010073	0.024332	0.041358	0.06175	0.082902	0.1035	0.12995	0.15856	0.19354
0.23217	0.27541	0.32161	0.37185	0.42636	0.48387	0.54173	0.60337	0.66491	0.72818
0.78988	0.85429	0.91427	0.97171	1.0243	1.072	1.1159	1.1575	1.1965	1.2302
1.2575	1.2803	1.2946	1.3047	1.3096	1.3053	1.2955	1.2798	1.2552	1.2275
1.1895	1.1513	1.1083	1.0632	1.0113	0.95458	0.89421	0.81509	0.76048	0.71949
0.71701									
3544.6	3582.1	3596.9	3589.9	3558.3	3499.1	3409	3294.7	3158.3	3009.1
2834.4	2648.3	2462.1	2275.5	2061	1846.7	1637.2	1438.9	1249.3	1071.4
911.75	768.64	644.62	538.31	448.29	369.51	314.74	259.97	205.57	168.65
138.33	113.09	92.604	75.45	61.478	50.276	41.069	33.622	28.614	23.61
18.628	15.409	12.744	10.454	8.5185	6.8443	5.4425	4.3177	3.44	2.8052
2.272	1.8264	1.4243	1.0743	0.77258	0.53103	0.36082	0.23576	0.13929	0.11255
0.095937	0.079464	0.067089	0.052357	0.042559	0.033123	0.026696	0.019682	0.017207	0.011719
0.0095442	0.004634	0.000008	0	0	0	0	0	0	0
0	0	0	0	0	0	0	0	0	0
0	0	0	0	0	0	0	0	0	0
0	0	0	0	0	0	0	0	0	0

0	0	0	0	0	0	0	0	0	0
0	0	0	0	0	0	0	0	0	0
0.000092	0.0095544	0.025313	0.041024	0.060307	0.080799	0.10352	0.12753	0.1569	0.189
0.22552	0.26827	0.31407	0.36466	0.41484	0.47032	0.53063	0.59083	0.65197	0.71372
0.77642	0.83822	0.89902	0.95918	1.0165	1.0667	1.1118	1.1526	1.1909	1.2268
1.2535	1.2739	1.2922	1.3025	1.3062	1.3054	1.2969	1.2849	1.2675	1.2438
1.2008	1.1555	1.1117	1.0661	1.0136	0.95878	0.89591	0.81939	0.76461	0.72292
0.71701									
3544.6	3585.1	3604.1	3600.8	3574.3	3518.3	3434	3321.9	3187	3027.1
2850.1	2660	2469.9	2279.4	2065.4	1849.5	1637.9	1433.4	1243	1068.7
910.77	771.48	647.97	542.86	454.94	378.19	323.03	267.92	213.11	175.14
144.06	118.23	96.451	78.99	64.279	52.12	42.476	34.811	29.632	24.457
19.309	15.887	13.08	10.776	8.8315	7.2231	5.8853	4.8057	3.8982	3.2136
2.6738	2.2406	1.8707	1.5515	1.2632	0.9984	0.77315	0.58634	0.43568	0.31624
0.21138	0.12831	0.07651	0.061279	0.051773	0.041615	0.0335	0.026023	0.019392	0.01342
0.0070277	0.00045052	0.000002	0	0	0	0	0	0	0
0	0	0	0	0	0	0	0	0	0
0	0	0	0	0	0	0	0	0	0
0	0	0	0	0	0	0	0	0	0
0	0	0	0	0	0	0	0	0	0
0	0	0	0	0	0	0	0	0	0
0.00010063	0.010405	0.024867	0.04315	0.06247	0.082146	0.10446	0.13064	0.15889	0.19096
0.22847	0.2714	0.31593	0.36439	0.41675	0.47254	0.53025	0.59096	0.65054	0.71365
0.77648	0.83755	0.8978	0.95679	1.0124	1.0627	1.108	1.1488	1.1868	1.2224
1.2509	1.2754	1.293	1.3062	1.3124	1.3108	1.3044	1.2903	1.2704	1.2432
1.2109	1.1714	1.1291	1.0797	1.0309	0.96686	0.90223	0.84081	0.78466	0.74164
0.71701									
3544.6	3581.3	3591.2	3577.6	3547	3485.9	3395.5	3275.6	3137.9	2979.7
2798.5	2605.4	2412.3	2218.9	2003.3	1790.8	1584.2	1387.4	1200.8	1025.5
870.91	733.31	613.66	511.33	423.28	349.92	293.53	237.13	193.63	157.96
129.6	105.77	85.991	70.278	57.346	46.796	38.248	32.535	26.822	21.133
17.408	14.369	11.804	9.7136	7.9449	6.4394	5.1486	4.0964	3.2963	2.6436
2.1639	1.7353	1.3764	1.0514	0.77961	0.55727	0.37768	0.24599	0.15699	0.088245
0.071198	0.057972	0.04679	0.037465	0.029767	0.023605	0.01634	0.010911	0.0051131	0.0033562
0	0	0	0	0	0	0	0	0	0
0	0	0	0	0	0	0	0	0	0

0	0	0	0	0	0	0	0	0	0
0	0	0	0	0	0	0	0	0	0
0	0	0	0	0	0	0	0	0	0
0	0	0	0	0	0	0	0	0.000075	0.0037822
0.015247	0.02897	0.043859	0.062989	0.080701	0.1008	0.12026	0.14346	0.16963	0.20094
0.23723	0.28097	0.3264	0.37676	0.42895	0.48642	0.54352	0.6035	0.66741	0.73018
0.78923	0.85098	0.90969	0.96796	1.0237	1.0737	1.1168	1.1578	1.1956	1.2303
1.2601	1.2818	1.3002	1.3126	1.3177	1.3177	1.3107	1.2955	1.2742	1.2473
1.2117	1.1738	1.1297	1.0826	1.0305	0.97406	0.91685	0.85805	0.79771	0.7563
0.71701									

3544.6	3571.4	3568.1	3540	3491.1	3416.5	3314.6	3180.5	3034.2	2869.1
2682.6	2495.9	2309.1	2096.7	1881.9	1673.6	1473.2	1283.5	1105.5	939.14
794.74	664.07	551.74	455.75	375.49	318.44	261.38	204.33	165.59	134.26
109.06	88.457	71.827	58.396	48.016	39.634	32.67	27.9	23.129	18.358
15.146	12.424	10.021	8.0236	6.1544	4.754	3.6601	2.9284	2.3664	1.8815
1.4602	1.0983	0.7992	0.55661	0.37109	0.22594	0.1268	0.091954	0.074943	0.058394
0.045554	0.034058	0.024517	0.018152	0.014282	0.01099	0.010495	0.0063242	0.0046555	0.0037928

0	0	0	0	0	0	0	0	0	0
0	0	0	0	0	0	0	0	0	0
0	0	0	0	0	0	0	0	0	0
0	0	0	0	0	0	0	0	0	0
0	0	0	0	0	0	0	0	0	0
0.0060121	0.021691	0.038039	0.058467	0.080336	0.10426	0.12804	0.15459	0.18334	0.21519
0.25439	0.29951	0.34846	0.39709	0.44964	0.50662	0.56591	0.62673	0.68948	0.75291
0.82302	0.89715	0.96931	1.0426	1.115	1.1719	1.2151	1.2425	1.2716	1.2869
1.2808	1.2965	1.3105	1.3237	1.3271	1.3267	1.3182	1.3028	1.2811	1.2538
1.218	1.1778	1.1342	1.0859	1.0319	0.97465	0.91314	0.85547	0.80428	0.76397
0.71701									

3544.6	3553.8	3531.5	3484.9	3414.3	3319.7	3199.7	3058.7	2898.4	2718.4
2538.4	2357.6	2147	1935.4	1726	1521.1	1326.5	1151.2	986.89	836.23
702.22	588.37	489.38	405.32	345.08	284.84	224.95	184.97	150.88	123.83
100.75	82.132	66.932	54.995	45.064	36.865	31.559	26.26	20.993	17.292
14.172	11.641	9.5584	7.8323	6.3132	4.9742	3.8863	3.0201	2.3863	1.9272
1.5398	1.202	0.90601	0.66819	0.47785	0.34064	0.22241	0.13099	0.083326	0.071329
0.058984	0.050861	0.043828	0.035781	0.030803	0.02486	0.020143	0.015986	0.013075	0.008408

0.0045468	0.000009	0	0	0	0	0	0	0	0
0	0	0	0	0	0	0	0	0	0
0	0	0	0	0	0	0	0	0	0
0	0	0	0	0	0	0	0	0	0
0	0	0	0	0	0	0	0	0	0
0	0	0	0	0	0	0	0	0.000074	0.0029936
0.013741	0.030288	0.049959	0.071331	0.095259	0.11847	0.14506	0.17326	0.2077	0.24442
0.28759	0.33096	0.38171	0.43349	0.49047	0.54839	0.60961	0.66958	0.73417	0.79627
0.85997	0.92314	0.98476	1.0562	1.14	1.2345	1.3552	1.5086	1.681	1.8581
2.0294	2.1434	2.0831	1.8646	1.449	1.33	1.3195	1.3017	1.2761	1.2458
1.2095	1.1677	1.1241	1.0747	1.0197	0.96184	0.90228	0.84464	0.7949	0.75518
0.71701									
3544.6	3535.4	3496.9	3434	3344.3	3227.8	3092.4	2938	2770.9	2589.2
2407.3	2203.9	1995.8	1786.2	1585.5	1392.9	1207.1	1039.2	883.81	745.37
625.29	523.22	434.17	360.59	308.4	256.2	204.22	169.72	140.24	115.28
95.218	77.574	63.057	51.49	42.255	34.644	29.704	24.792	19.894	16.507
13.631	11.272	9.317	7.7161	6.3228	5.1545	4.2254	3.4533	2.8116	2.3152
1.922	1.6129	1.3427	1.0971	0.87768	0.68736	0.53498	0.40906	0.29675	0.20463
0.13982	0.10018	0.07823	0.071335	0.062335	0.055332	0.051401	0.04472	0.038057	0.032058
0.026061	0.018625	0.011007	0.0025015	0.000003	0	0	0	0	0
0	0	0	0	0	0	0	0	0	0
0	0	0	0	0	0	0	0	0	0
0	0	0	0	0	0	0	0	0	0
0	0	0	0	0	0	0	0	0	0
0	0	0	0.000027	0.0016885	0.0068571	0.01307	0.022454	0.03191	0.043033
0.058346	0.072997	0.089995	0.11049	0.13114	0.15348	0.17894	0.20809	0.2414	0.27881
0.32065	0.36755	0.41933	0.47282	0.53211	0.59025	0.64973	0.71328	0.77863	0.84066
0.90651	0.96863	1.0261	1.082	1.1335	1.176	1.222	1.2743	1.3582	1.5165
1.8308	2.3169	2.7419	3.0429	2.9237	2.5105	1.8646	1.3272	1.2745	1.2349
1.1927	1.1489	1.1033	1.0511	0.99534	0.93777	0.87522	0.82123	0.77302	0.73647
0.71701									
3544.6	3516.7	3459.9	3379.6	3272.2	3143.5	2998.9	2834.9	2651.5	2468.1
2284.6	2083.1	1876.6	1671.6	1477.4	1289.6	1117.5	956.55	813.07	682.38
567.31	472.29	392.09	333.94	275.91	217.88	179.79	148.37	121.79	99.415
81.486	66.819	55.038	45.04	37.131	31.874	26.646	21.418	17.894	14.929
12.466	10.419	8.7292	7.2727	6.0127	4.9045	3.9895	3.2356	2.6362	2.1548

1.767	1.4348	1.1493	0.90003	0.69198	0.52401	0.39172	0.28448	0.19736	0.1414
0.12837	0.11674	0.10478	0.096693	0.087133	0.079442	0.072151	0.065882	0.05963	0.054068
0.04805	0.041849	0.030855	0.019212	0.0046392	0	0	0	0	0
0	0	0	0	0	0	0	0	0	0
0	0	0	0	0	0	0	0	0	0
0	0	0	0	0	0	0	0	0	0
0	0	0	0	0	0	0	0	0	0
0	0	0	0	0	0.0043773	0.013498	0.025884	0.03875	0.054006
0.070747	0.091475	0.11206	0.13768	0.16249	0.1899	0.21842	0.25085	0.28616	0.32803
0.37121	0.41882	0.46926	0.52392	0.58243	0.6413	0.70224	0.76333	0.82705	0.88823
0.94958	1.0098	1.0705	1.133	1.191	1.246	1.2875	1.3285	1.362	1.4273
1.6576	2.0334	2.5108	3.0485	3.2677	3.0685	2.1863	1.3012	1.2528	1.2136
1.1702	1.1241	1.0777	1.0274	0.97021	0.90762	0.85272	0.79494	0.74411	0.70472
0.71701									

3544.6	3490.1	3410.8	3306.1	3182.5	3037.8	2874.3	2694.4	2503.3	2304.1
2104.2	1900.8	1704.1	1507.2	1325.8	1166.7	1008.1	849.64	719.19	600.3
499.03	409.74	338.96	278.75	228.17	186.77	152.55	124.92	105.9	87.026
68.148	56.196	46.482	38.458	31.974	26.768	22.484	18.854	15.823	13.196
11.255	9.3344	7.7244	6.2591	4.9734	3.9478	3.1309	2.5477	2.0628	1.6515
1.3081	1.0134	0.76983	0.56383	0.40239	0.24481	0.16209	0.1411	0.1274	0.11061
0.098984	0.089183	0.081768	0.075357	0.06943	0.067773	0.066083	0.061478	0.056131	0.052692
0.045725	0.033229	0.018412	0.0048414	0.000044	0	0	0	0	0
0	0	0	0	0	0	0	0	0	0
0	0	0	0	0	0	0	0	0	0
0	0	0	0	0	0	0	0	0	0
0	0	0	0	0	0	0	0	0	0
0	0	0	0	0	0	0	0	0	0.0024846
0.013887	0.027397	0.042059	0.056858	0.07286	0.089254	0.10571	0.12523	0.14412	0.16566
0.18908	0.21825	0.24924	0.28291	0.31789	0.35321	0.38596	0.41588	0.44121	0.46415
0.48547	0.50573	0.53486	0.57227	0.63112	0.72695	0.86126	1.0238	1.2285	1.5776
1.7546	1.828	1.6994	1.4343	0.95118	0.50823	0.45675	0.45167	0.44534	0.44123
0.43785	0.4353	0.43487	0.44151	0.46023	0.4881	0.5217	0.54037	0.58159	0.63233
0.71701									

3544.6	3478.9	3391.9	3278.7	3149.2	2997.9	2821	2641.5	2455.2	2260.5
2062.6	1862.4	1669.4	1477	1293.7	1139.9	986.53	833.21	704.97	594.93
497.64	413.45	342.29	283.41	233.58	192.58	158.06	128.82	109.59	90.408

71.223	58.898	48.661	40.147	33.107	27.558	23.111	19.391	16.295	13.704
11.886	10.084	8.2822	6.9203	5.7054	4.6803	3.7761	3.0253	2.4703	2.0126
1.6377	1.3041	1.0279	0.79376	0.61423	0.44925	0.30812	0.18767	0.17326	0.15971
0.14937	0.1417	0.13348	0.12788	0.12238	0.11745	0.11569	0.11275	0.10902	0.10449
0.099404	0.091401	0.079034	0.066738	0.055702	0.043772	0.0039105	0	0	0
0	0	0	0	0	0	0	0	0	0
0	0	0	0	0	0	0	0	0	0
0	0	0	0	0	0	0	0	0	0
0	0	0	0	0	0	0	0	0	0
0	0	0	0	0	0	0	0.000024	0.0038693	0.014269
0.02661	0.040989	0.057374	0.070977	0.087935	0.10266	0.1192	0.13673	0.15735	0.17771
0.20063	0.22748	0.25605	0.28895	0.32235	0.35188	0.38388	0.41343	0.43717	0.45898
0.47864	0.49558	0.51667	0.54658	0.58268	0.62684	0.6544	0.79193	0.94994	1.1526
1.444	1.6114	1.519	1.2417	0.94302	0.64499	0.46401	0.45372	0.44769	0.44195
0.4377	0.43348	0.43394	0.44164	0.46496	0.49182	0.51521	0.55488	0.6023	0.65255
0.71701									
3544.6	3477.3	3389.8	3277.6	3144.9	2988.4	2818.7	2641.5	2452.2	2252.5
2061.4	1863.7	1672.9	1485.7	1303.6	1150.1	997.06	844.01	715.85	606.82
510.19	426.43	353.83	295.52	245.81	202.58	168.04	138.57	118.17	97.799
77.445	64.296	53.218	44.039	36.098	30.043	25.16	21.006	17.59	14.798
12.867	10.955	9.0429	7.6318	6.4206	5.3702	4.4864	3.7322	3.1173	2.6211
2.2425	1.9228	1.6206	1.3416	1.1019	0.90217	0.72831	0.57993	0.45208	0.33635
0.23081	0.16967	0.15978	0.15289	0.14739	0.14034	0.13523	0.12931	0.12477	0.11962
0.11263	0.10334	0.096703	0.087818	0.075525	0.064837	0.055401	0.036065	0.000301230	
0	0	0	0	0	0	0	0	0	0
0	0	0	0	0	0	0	0	0	0
0	0	0	0	0	0	0	0	0	0
0	0	0	0	0	0	0	0	0	0
0	0	0	0	0	0	0	0	0	0
0	0.010461	0.022671	0.038744	0.052077	0.067665	0.083828	0.1005	0.12028	0.14061
0.16409	0.19399	0.22351	0.25963	0.29437	0.32953	0.36237	0.39235	0.41481	0.43777
0.45403	0.4608	0.47519	0.48426	0.48809	0.49347	0.4946	0.54502	0.62365	0.76255
0.54701	1.7142	1.932	1.8308	1.7792	1.4692	0.56769	0.45887	0.45192	0.44766
0.44192	0.44017	0.43976	0.44079	0.46305	0.49343	0.52878	0.57034	0.61373	0.66696
0.71701									
3544.6	3479.8	3395.7	3289.5	3161.2	3010.4	2847	2673.6	2485	2295

2099.2	1904.8	1709.9	1525.7	1345.4	1189.4	1033.8	878.28	741.23	624.54
523.13	435.91	363.61	300.39	247.47	204.02	168.67	137.76	117.03	96.357
75.693	62.482	51.11	42.32	35.339	29.601	24.728	20.483	17.25	14.543
12.673	10.817	8.9597	7.5167	6.2818	5.2608	4.3766	3.6109	2.9842	2.4726
2.0456	1.6703	1.3337	1.0435	0.81042	0.61477	0.45838	0.332	0.22264	0.17209
0.16091	0.15023	0.1399	0.13215	0.12326	0.11622	0.10729	0.10176	0.091798	0.086175
0.077502	0.068615	0.057822	0.044245	0.033586	0.022053	0.000015	0	0	0
0	0	0	0	0	0	0	0	0	0
0	0	0	0	0	0	0	0	0	0
0	0	0	0	0	0	0	0	0	0
0	0	0	0	0	0	0	0	0	0.000018
0.0045614	0.014692	0.025279	0.039278	0.052566	0.06481	0.079759	0.097755	0.11763	0.1389
0.16361	0.19019	0.22174	0.25785	0.29182	0.32777	0.36114	0.39039	0.41496	0.43762
0.45481	0.47013	0.48131	0.4908	0.50443	0.51651	0.5435	0.58202	0.72737	1.129
1.6024	2.0973	2.308	2.2086	1.9929	1.5871	0.73482	0.47889	0.47468	0.47098
0.46551	0.4583	0.4541	0.45513	0.47655	0.50564	0.53538	0.57695	0.62374	0.67671
0.71701									

3544.6	3491.1	3416.5	3321.1	3200.8	3060.8	2907.8	2743.9	2564.6	2376.1
2181.9	1986.4	1794.5	1605.8	1422.6	1245.3	1096.8	948.22	799.68	673.23
560.22	465.54	386.66	317.44	258.85	210.56	170.77	138.93	117.69	96.466
75.279	61.78	50.898	42.138	34.977	29.187	24.509	20.595	17.425	14.672
12.679	10.695	8.7115	7.1638	5.8271	4.6928	3.7811	3.0732	2.4864	1.982
1.551	1.1859	0.88179	0.64688	0.47734	0.32839	0.18243	0.16258	0.14511	0.12899
0.11356	0.10328	0.09498	0.089363	0.082574	0.077181	0.073321	0.069075	0.063252	0.060614
0.053994	0.041725	0.029246	0.017722	0.007117	0.000084	0	0	0	0
0	0	0	0	0	0	0	0	0	0
0	0	0	0	0	0	0	0	0	0
0	0	0	0	0	0	0	0	0	0
0	0	0	0	0	0	0	0	0	0
0	0	0	0	0	0	0	0	0	0
0	0.0033913	0.013973	0.026747	0.040889	0.055691	0.071498	0.088283	0.1082	0.12614
0.1505	0.17883	0.21207	0.24944	0.28675	0.32379	0.35671	0.3902	0.41744	0.44261
0.46882	0.49395	0.52381	0.55829	0.60173	0.66306	0.7367	0.85831	1.0324	1.3299
1.4861	1.4707	1.4124	1.2757	1.1056	0.80545	0.49525	0.48863	0.48561	0.48149
0.47726	0.47216	0.47008	0.47193	0.48715	0.51205	0.53846	0.5747	0.61909	0.66874
0.71701									